藍學堂

學習・奇趣・輕鬆讀

告別拖延，布萊恩．崔西高效時間管理21法則

時間管理

先吃了那隻青蛙

【25年暢銷經典版】

Eat That Frog!

21 Great Ways to Stop Procrastinating and Get More Done in Less Time

BRIAN TRACY

布萊恩．崔西——著

陳麗芳、林佩怡、游原厚——譯

推薦序1

從「吃了那隻青蛙」談提升個人效能的三個關鍵

鉑澈行銷顧問策略長―劉奕酉

人們總是面臨著時間不夠用、待辦清單永遠列不完，工作與生活壓力也隨之而來的困境。

如何做好時間管理、提升個人效能，成為每個人必須面對的課題。布萊恩・崔西在本書提出以「吃了那隻青蛙」作為行動指南，透過聚焦關鍵、克服拖延、提升效率這三個關鍵，幫助我們有效管理時間，進而提升個人效能。

首先，聚焦關鍵：找出你的青蛙並優先處理。

青蛙，是指最重要、最有挑戰性，卻也是最容易拖延的工作。想要提升個人效能，就必須學會辨別哪些是我們的青蛙，並優先處理它們。

崔西建議我們將時間和精力集中在那些能夠帶來最大價值的重要少數工作上，也就是那些能夠為我們帶來最大效益的「青蛙」。當我們清楚知道自己想要達成什麼目標時，就能夠更有方向的去行動，也更容易辨別哪些工作是我們的青蛙。

其次，克服拖延：將青蛙分解為容易入口的大小，逐步完成。

許多人無法提升個人效能，都是敗給了拖延症。原因有很多，也許是害怕失敗、缺乏自信，或是覺得工作過於龐雜而感到無力。

崔西在書中強調，克服拖延的關鍵在於立即行動，同時也提出不少實用的建議。比方說，如果某件事可以在兩分鐘內完成就立即去做、將大任務分解為小步驟、為自己設定一個合理的期限，或是提升該領域的知識和技能等，都有助於改善或克服拖延的問題。

最後，提升效率：善用科技讓自己保持專注。

科技的發展帶來了便利，但也成為拖延和分心的來源。想要提升效率，就必須學會善用科技，讓它成為我們的僕人，而不是主人。

崔西建議可以透過以下方式來提升效率：使用時間管理軟體、設定郵件過濾規則等方式，將科技產品的功能發揮到極致；同時設定固定的時間段處理電子郵件和訊息，並避免讓社群媒體和各種通知訊息占據我們大部分的時間和注意力。

「專注」是關鍵，我們應該盡量避免一心多用，並排除任何可能造成分心的因素。

崔西強調，透過聚焦關鍵、克服拖延、提升效率這三個關鍵，人人都可以有效管理時間和精力，進而提升個人效能，取得更大的成就。

推薦序2

你有拖延症嗎？先吃掉一隻青蛙吧！

專業想自由講師—莊越翔

你是否常猶豫不決，遲遲沒有行動？你是否曾經感到事情做不完，就乾脆再偷懶一下？你是否設定好目標，卻到了截止日前才開始趕工？如果你也曾有這些「拖延慣性」，那一定不能錯過這本好書《時間管理，先吃了那隻青蛙》。

這本書的基本概念是，把那些最大、最重要的事情（也就是那隻最大最醜的青蛙）先做完，而非一再拖延，看著那隻青蛙什麼也不做。

其實我個人很喜歡青蛙，如果跟我一樣覺得青蛙有些無辜，或許可以假想成那些你不喜歡的昆蟲、小動物，想像如果不把牠們處理掉，會一直出現在你眼前，讓人覺得很糟糕、不舒服。所以，與其一再拖延，不如起身開始行動。

我曾經是一個愛拖延的人，為了改善拖延症，自二〇一六年開始，看了超過三十本以上關於時間管理的書籍，內容不外乎三個面向：「回顧」、「排序」與「行動」。回顧是指善用日記、手帳、清單、科技工具，幫助自己判斷下一步行動，能有更好的依據；排序是決定輕重緩急的優先次序，清楚分辨哪件事是此刻最重要的安排；行動是能不能有效在時間內落實所規劃的目標。其中，我認為「行動」最重要，而好的「回顧」與「排序」則會優化行動。

作者布萊恩．崔西在這本書中，提出超過二十一種積極思維與行動步驟，每個章節還有「吃掉你的青蛙」的重點整理，強化時間管理的觀念，看完後也讓我有一種「馬上行動」的強烈驅力。書中有些觀念是經典不變的重要原則，有些因應新科技世代的行動策略需要與時俱進。但我堅信，知道的方法越多，就越能在適切的時候「把時間生出來」。

書中我最喜歡「培養積極上癮」與「創造型拖延」兩段文字，我自己的理解是——在那些幫助自己成長的事業上「積極上癮」，把那些低價值不重要的事情「創造拖延」。當你清楚自己的人生目標與事件排序的輕重緩急，就會在心流當中積極上癮，同時拖延那些不重要的。

祝福閱讀此書的你，在這科技分散我們注意力的ＡＩ世代，你仍能成為時間的主人，把青蛙吃下去，把人生找回來。

各界盛讚

他們都「吃了那隻青蛙」！

「請注意：《時間管理，先吃了那隻青蛙》這本書將對你的工作方式和你所達成的結果產生深遠影響。本書不僅挑戰你的工作習慣，也闡釋了成功所需要的自律，並深入剖析人們之所以拖延的根本原因。最後，教你如何輕鬆的徹底提升生產力。」

——《微型商業中心》（Micro Business Hub）雜誌

「《時間管理，先吃了那隻青蛙》提供了一個簡潔的方法且有價值的策略，讓你克服深受拖延症所造成的困擾。每個人拖延的原因不同，崔西的策略卻非常多樣，可以從多個面向來攻克拖延問題。」

——簡單理財網站（The Simple Dollar）

「《時間管理，先吃了那隻青蛙》是我最喜愛的生產力書籍，我常在每年一月重讀這本書，提醒自己在新的一年中應該要遵循的原則和方法。每次我重讀這本書，都能發現新的生產力寶藏。」

——《變得更好》（暫譯）作者莉茲・古絲特（Liz Gooster）

「每個人都有自己的「青蛙」，而「吃掉那隻青蛙」就是讓你停止拖延最好的方法。拖延是時間的殺手，而崔西讓克服這隻「青蛙」變得有趣而令人興奮。每篇文章都提出一個新想法、提示和技巧，幫助你克服內在惰性，不再晚上躺在沙發上，而是去健身房。」

——花生出版社（Peanut Press）

「《時間管理，先吃了那隻青蛙》雖然全書頁數不多，但內容豐富，是提供現代生活中拖延症的一帖解藥。即使這個藥方聽起來很痛苦（像是叢林探險那樣），但實際上並不會。像你一樣，我讀過無數的書籍——但大多數時候我都不記得自己剛讀了什麼。但這本書不同，我每天都在『吃青蛙』，而且感覺更好了！所以我大力推薦你這本書。」

——「教練學院」專業教練柯琳娜．理查茲（Corinna Richards）

「《時間管理，先吃了那隻青蛙》這本書切中我的需求，讓我整理待辦事項清單，規劃生活，變得更有生產力，並且更專注。」

——《媽媽的時間魔法》（暫譯）

作者貝絲．史瓦貝格（Beth Anne Schwamberger）

《時間管理，先吃了那隻青蛙》這本書是最容易理解的時間管理和個人效率書籍之一——我建議你在學習任何特定的時間管理系統之前，不妨先讀這本書。書中有大量可以立即實行的練習和技巧，這也是我最喜歡這本書的原因——它提供了可行的步驟，讓你可以立即開始！」

——部落客彭坦（Thanh Pham, Asian Efficiency）

「《時間管理，先吃了那隻青蛙》這本書帶給我深遠的影響。只要你能帶著自我提升的視角和改變的意圖來閱讀本書，崔西所分享的二十一種技巧，真的能帶來改變。我自己就從中受益匪淺，強烈建議你，今天就去買一本。」

——部落客克利斯・摩爾（Chris Moore, Reflect on This）

「最初我對《時間管理，先吃了那隻青蛙》這本書並沒有太高期待，因為『吃青蛙』這個概念，聽起來有些不切實際。但我完全錯了。這本書最大的優點在於，它實際告訴你應該做什麼，而不是一再空談夢想和希望的哲學。書中不僅提供堅實且實用的建議，幾乎適用於每個人——學生、員工、全職媽媽、企業家等等。無論你是否有時間管理方面的問題，我都建議你拿起這本書。你一定會從中學到有用的東西。」

——部落客菲比（Fab, Shocks and Shoes）

「在這個競爭激烈的世界中，任何想要管理好自己時間，並提升自我價值的人，我們強烈推薦《時間管理，先吃了那隻青蛙》這本書給你。」

——《應用基督教領導力期刊》（The Journal of Applied Christian Leadership）

「這本書與同類書籍的不同之處在於，它提出具體的指導方針來培養自律，讓你能夠依序開始並完成重要的任務。每一章都提供清晰的指導和練習，幫助你確定在任何時刻是否都充分利用時間。你將學會如何先做好身心上的準備，以面對即將進行的工作，還有如何將工作拆解成可管理的部分，得以持續前進。你甚至會發現，如果遇到困難無法開始，或是分心了需要重新集中注意力時，應該對自己說什麼。」

——卡內基圖書館商業圖書管理員，《匹茲堡郵報》
（Carnegie Library Business Librarians, Pittsburgh Post-Gazette）

目錄

CONTENTS

獻給我優秀的女兒凱瑟琳，
一位才華橫溢的女孩，
擁有過人的聰慧和光明的未來。

自序

改變我人生的成功之道

感謝你拿起這本書！在書中所傳遞的觀念，已經幫助我和數百萬的讀者，希望也能對你有所幫助。事實上，我希望這本書能從此改變你的生活。

日常生活中，你永遠沒有足夠時間處理所有該做的事。從工作、個人職責，到沒完沒了的電子郵件、社群媒體、計畫，看不完的雜誌，還有一堆打算這幾天要看的書。

事實上，你手上的工作永遠無法告一段落，做都做不完了，更別說要超前進度，能有時間處理所有的電子郵件，閱讀想看的書籍、雜誌和享受休閒活動。甚至忘記透過提高工作效率，來解決時間管理問題。

無論你已經掌握多少個人生產力技巧，在可用的時間內，無論時間多寡，總會有比你所能完成的更多事情在等著。

唯有改變你的想法、工作方式，以及對永遠做不完的工作的處理態度，你才能掌控自己的時間與生活。唯有當你能停止做某些事，而把時間運用在一些真正重要的活動上，才能掌控自己的工作與各項活動。

我鑽研「時間管理」已經超過三十年。我曾潛心研究包括彼得・杜拉克（Peter Drucker）、亞歷克・麥肯齊（Alec MacKenzie）、亞倫・拉凱恩（Alan Lakein）和史蒂芬・柯維（Stephen Covey），以及更多人的相關著作，也讀過數百本有關個人效率和生產力的書籍，以及數千篇文章，而這本書便是我的研究成果。

每當我有好的構想時，就會在自己的工作及個人生活中進行試驗。如果行得通，我就會將這些試驗納入日後的演說和研討會中，並且傳授給更多人。

現代科學之父伽利略曾說過：「你無法教會一個人任何事，你只能協助他自己去發現。」

每個人具備的知識與經驗不同，這句話對你可能耳熟能詳，但是，這本書將讓你對這句話有更深體悟。當你了解書中的方法與技巧，並且反覆應用，直到成為習慣時，你便能更正面積極的改變自己人生。

向成功的人學習

現在，讓我大致介紹一下我自己與此書的緣起。

除了擁有一顆好奇心，我原本的生活可說是乏善可陳。求學期間，我的學校課業表現並不理想，輟學之後，有許多年的時間都從事勞力工作，當時我的未來看似不太樂觀。

年輕時，我在一艘貨船上工作，得以藉此探索這個世界。幾乎長達八年的時間，我一邊旅行一邊工作，之後又旅行了多次，總共探訪過五大洲八十多個國家。

當我再也找不到勞力工作時，便轉而從事銷售工作，挨家挨戶做起直銷。起初，我吃力的進行每一筆買賣，但我也開始觀察周遭的銷售同仁，並且捫心自問，「為什麼其他人做得比我好？」

接著，我做了一件事，從此改變自己一生。我開始拜訪那些成功的銷售員，請教他們如何更有生產力、賺更多錢。他們不吝於傳授所知，我也遵循他們的建議身體力行，結果確實提升銷售成績。最後，我還因為業績表現傑出，當上銷售經理。升任銷售經理後，我還是採行同樣的策略，一一請教成功的經理人們，如何獲得卓越成就的祕訣，再加以實踐。過沒多久，我也和他們一樣成就非凡。

學習，接著應用所學的過程，改變了我的人生。直到現在，我仍為箇中之道是如此簡單而感到驚訝。只要知道成功人士的作法，依樣畫葫蘆，直到獲得同樣的成果為止，這是多棒的一個觀念。

成功是可預期的

簡單來說，有些人的表現之所以比較傑出，在於他們用不同的方法做事，而且是用正確的方式、做該做的事。尤其是成功、幸福、富裕的人，他們比一般人更會利用自己的時間。

由於我年少時不得志，所以內心一直存有很深的自卑感與不足感。我曾深陷在認為「別人做得比我好，是因為他們真的比我優秀」的心理陷阱中。但我發現事實並非如此，**那些成功的人只是做事方法有「獨到之處」罷了，而他們所學到的作法，理論上我也可以學會。**

至今我仍覺得，對我而言，這項發現是一大頓悟，令人既驚又喜。我意識到，我能改變自己的人生，而且幾乎能達成任何自我設定的目標，方法只在於——找出該領域成功人士的作法，然後努力實踐，直到獲得與他們相同的成果為止。

我開始從事銷售工作不到一年時間，就成為頂尖銷售員。擔任經理一年後，便升任副總裁，在六個國家負責一支九十五人的銷售團隊。那年，我才二十五歲。

這些年來，我做過二十二種工作，成立數家公司，還取得一所知名大學的商業學位。期間，我學會法語、德語和西班牙語，同時還身兼演說家、職場教練，以及五百多家公司的顧問工作。目前我每年為超過二十五萬人發表演說及舉辦研討會，每個場次的聽眾多達兩萬人。

一個簡單的真理

在我的職業生涯中，我歸納出一個簡單的真理——**專心致力於最重要的工作，好好實行且貫徹到底的能力，便是擁有卓越成就、實現目標、受人敬重、擁有名望與幸福的關鍵**。而這項關鍵見解，便是本書的核心與靈魂。

我寫這本書的目的，是要告訴你如何在事業上更快獲得成功，同時豐富個人生活。這本書中的內容是我所領悟到，關於提升個人效能最有力的二十一項法則。

這些方法、技巧和策略既實用又禁得起考驗，還有立竿見影之效。礙於篇幅考量，我便不在此詳述造成拖延或時間管理不當的諸多心理或情緒因素。這本書中不會出現長篇大論或文獻資料，只有能立即改善工作品質與效率的有效行動。書中提到的所有方法，都著重在全面提升你的生產力、表現與成果，讓你在個人的工作領域提升能力，其中許多作法也可以應用到生活中。

這二十一項方法與技巧，每項都有其完整性，而且都是必要的；某項策略可能在某種情況下有效，其餘則可能適用於其他工作。總之，這二十一項法則是一個完整系列的個人效能技巧，你可以在任何時候視當時情況調整順序並加以應用。

成功的關鍵就在於行動。這二十一項法則會讓你的個人表現與成果，產生快速、可期的躍進。我向你保證，越快學會並運用它們，你的事業會越快突飛猛進。

當你學會如何「吃了那隻青蛙」時，你的未來將無可限量。

布萊恩・崔西

二〇一七年一月於加州索蘭那海灘

前言

請享用「那隻青蛙」！

活在這個時代真好！當今世界充滿前所未有的可能性與機會，讓你能完成更多的目標。事實上，你正泅泳於眾多選擇中，這種情形可能是人類史上前所未見。你能從事的美好事情太多了，因此，從中做出決定、選出目標的能力，成為決定你一生成就的重要關鍵。

做出選擇的必要性

假如你和多數現代人一樣，想做的太多，卻苦於時間太少，為此感到心力交瘁。在你拚命追趕進度的同時，新的工作和責任又像是潮水般洶湧而來，一波又一波。你永遠無法做完所有該做的事，永遠趕不上進度，甚至在許多工作和責任上總是落後。

基於這個理由，也許相較以往更重要的是，要如何在每個時刻選出最重要工作，並迅速、確實完成的能力。比起其他特質或技能，具備這個能力，會對你的成就造成更大影響。

一位養成設定清楚的優先順序、快速完成重要工作的泛泛之輩，更勝只是空談、只會擬定美好計畫，卻鮮少執行完成任務的天才。

關於那隻「青蛙」的由來

知名美國作家馬克·吐溫（Mark Twain）曾經說過：「假如你每天早上的第一件事，就是生吃一隻青蛙，接下來的一天就會過得比較順利。因為你很清楚，這可能是一天中最糟糕的事情了。」

所謂的「青蛙」是指對你而言，最重大、最重要的工作。也就是如果你不採取行動，就最容易拖延的工作；它同時也是目前對你的生活和成果，會產生最大積極影響的工作。

吃青蛙守則一：

如果你必須吃掉兩隻青蛙，就先吃比較醜的那隻。

換句話說，如果你當下有兩件重要工作必須做，那就從最大、最難，也最重要的那個工作開始。提醒自己立刻開始，並且堅持到底，直到完成之後，再做其他工作。

抗拒先做比較簡單工作的誘惑，並把這件事視為一項「考驗」，當成是一項個人挑戰。如果你有許多工作要做，那就要不斷提醒自己，你每天所要做的重要決定之一，就是確定哪些工作必須即刻處理，或者稍後再做。

吃青蛙守則二：

如果你得生吃一隻青蛙，坐著看那隻青蛙再久，都是沒有意義的。

你必須培養先「吃掉青蛙」，再處理其他工作的習慣，而且別花太多時間猶豫不決。因為培養先處理重要工作的習慣，就是達到高水平表現與生產力的關鍵。

別說了，直接採取行動

在針對收入高且升遷快的族群研究中，一再印證，「行動導向」是這些人在工作上最明顯且一致的特質。

成功、有效率的人，就是那些立即處理重要工作，且能約束自己意志堅定、專注工作，直到完成為止的人。

當今組織中最大的問題之一，就是「執行不力」。許多人分不清「苦勞」及「功勞」，他們不斷高談闊論，開一堆永無止盡的會議，訂定美好的計畫，但到頭來卻沒人執行落實，無法達成當初所要求的結果。

培養成功者的習慣

人生與事業的成就，取決於你長期以來所養成的各種習慣。而訂定優先順序、克服拖延、執行最重要工作的習慣，是一種關乎身體與心理的技能。所幸這種習慣可以透過練習與重複來學習，一而再，再而三，直到它在你的潛意識中扎根，成為你的固定行為模式為止。一旦成為習慣，便會變得自動又容易做到了。

養成這種執行並完成重要工作的習慣，會為你帶來立即且持續的回饋。每個人在心理與情緒上，生來就會因完成工作而獲得正面積極的感覺，你會因此感到快樂，覺得自己是個贏家。

每當你完成一項工作，無論事情大小或重要性，都會感受到一股活力、熱忱與自信。當你所要完成的工作越重要，也會對自己與周遭的世界感覺更滿意、更有信心，且更有影響力。

培養「積極上癮」

當你完成重要工作時，會觸發大腦釋出腦內啡（Endorphins）。這些腦內啡能讓你獲得一種自然的「快感」。在成功完成任何工作後所產生的腦內啡，會讓你覺得更有創造力與自信。

在所謂的成功祕訣中有一項很重要，那就是你其實可以對腦內啡及其引發的高度清明、自信與能力感「積極上癮」（Positive Addiction）。一旦迷上這種「癮頭」，你的潛意識會不斷以完成重要工作與計畫的方式，來規劃自己的人生，並且以非常積極的心態沉溺在成就與貢獻之中。

要享受美好人生、擁有成功事業，以及對自己感到滿意，其中一個關鍵就是要養成開始並完成重要工作的習慣。當你養成這個習慣後，這種行為本身就會產生一種力量，你將會發現，完成重要任務比不完成重要任務更容易。

朋友，練習就對了

有個故事是這樣的，有個人在紐約街頭攔住一位音樂家，請教對方要如何才能到卡內基表演廳演出，這位音樂家回答他：「練習，朋友，練習就對了。」

練習，是熟練各項技能的關鍵。而你的心智就像肌肉一般，會隨著使用變得更加強壯、更有力量。只要透過練習，可以學會任何事，或培養出你認為重要和必要的習慣。

「3D」建立你的新習慣

你還需要三個關鍵特質（3D），來建立專注的習慣，而這些特質都可以學習——它們就是**決心（Decision）**、**紀律（Discipline）**與**毅力（Determination）**。

首先，下定決心培養完成工作的習慣；其次，約束自己一再練習即將學得的原則，直到熟練為止；最後，以毅力為後盾，對自己所做的每件工作都堅持到底，直到這個習慣刻進骨子裡，永久成為個性的一部分。

不斷想像自己要成為的人

還有個特別的方法，能讓你加速成為一個具有高度生產力、行事有方且高效率的人——就是不斷想像，身為一個行動導向、做事迅速且專注的人，將獲得的回報與好處。想像自己是那種總會快速、確實完成重要工作的人。

請你想像自己成為未來想要的樣子，這個「自我心理圖像」對你的行為影響極大。你的外在表現主要取決於你的自我形象，以及內在對自我的看法。一旦開始改進你的內在想法與心理圖像，外在生活才會有所改善。

你學習並培養新技巧、習慣與才能的能力是無可限量的。當你透過反覆練習，訓練自己克服拖延、快速完成重要工作，便能將自己推上人生與事業的快速道路，加足馬力，飛馳前進。

現在，就吃了那隻青蛙吧！

01 訂定明確的目標

成功的必備條件是擁有明確的目標，
也就是知道自己想要什麼，
並且迫切、渴望的去實現它。

——美國勵志成功大師拿破崙．希爾（Napoleon Hill）

在決定你的「青蛙」並開始吃之前，必須先確定自己在生活中每個領域所期待達成的目標。「明確訂定目標」，或許就是個人生產力中最重要的觀念。有些人能較快完成更多工作，首要原因就在於，他們對自己的目標一清二楚，不會有所偏離。當你越清楚自己想要什麼，以及為了達成目標需要採取哪些行動，就會越容易克服拖延、吃掉青蛙，以完成眼前的工作。

拖延與缺乏幹勁的主要原因，在於對自己該做什麼、處理的順序與為何而做，感到模糊不清、毫無頭緒。你必須盡可能避免這種常見的狀況，並對自己想投入的主要目標與工作，了解得非常透徹。

成功的重要原則——在紙上思考。

大約只有百分之三的成年人，會明確「寫下」自己的目標。這些清楚「寫下目標」的人，相較於可能學歷與能力相當，甚至更好的人，卻因為某些因素沒有花時間寫下自己確切目標，前者的成就往往是後者的五到十倍。

往後生活中，你都可以採用一個強大有效的公式來設定並達成目標，這個公式包含七個簡單的步驟，不論採用其中任何一個步驟，都能提高你的生產力兩至三倍。許多完成訓練課程的學員力行這七大步驟後，在短短幾年，甚至幾個月內，收入都大幅增加。

步驟一：確定你想要什麼。

你可以自己決定，也可以和老闆坐下來一起討論你的目標，直到完全清楚自己應該達成的目標，以及完成的先後順序為止。令人驚訝的是，許多人因為沒有和主管進行這項重要的討論，而日復一日做著不重要的工作。

> 最糟糕的時間利用方式，就是將根本不必做的事情做得非常好。

被《時代》雜誌譽為「人類潛能導師」的史蒂芬・柯維（Stephen Covey）曾說：「在開始攀爬成就之梯前，要先確定它是倚靠在正確的建築物上。否則每一步都只會讓我們更快走到錯誤的地方。」

步驟二：寫下來。

在紙上寫下你的目標，使它具體化，也就是賦予目標實體的形式，變成某種可以碰觸得到、看得見的東西。換句話說，一個沒有寫下來的目標，只不過是一個願望或是奇想罷了，它的背後並沒有能量，只會導致困惑、模糊及無數錯誤。

步驟三：設定完成期限。

沒有截止期限的目標或決定，就少了迫切性，沒有真正的開始或結束。如果沒有確切的截止日期，且沒有接受完成特定責任的任務，你自然就會拖延，且很難完成任何事情。

步驟四：將你所能想得到、為了達成目標必須做的每件事情列出清單。

每當你想到新事項時，就加入清單中，持續補充清單的內容，直到完整為止。因為你已經設定出目標與執行時間，所以透過清單能讓你看清較大的工作或目標，有前進的方向更能大幅增加達成目標的可能性。

步驟五：將清單整理成計畫。

按照需要完成的優先順序列出所有項目後，花幾分鐘決定哪些事必須先處理，或稍後處理。也就是決定哪些事必須先做，哪些事可以後做。

更好的作法是，在一張紙上以一系列方塊和圓圈的形式，直觀的列出計畫，並用線條和箭頭畫出每項任務彼此之間的關係。當你將目標拆解為個別任務時，就會驚訝的發現實現目標是如此容易。

若能寫下目標並規劃行動策略，你的生產力與效率便會遠高於那些只將目標記在腦中的人。

步驟六：立即針對計畫採取行動。

馬上行動，任何行動都可以。積極執行一個普通計畫，勝過什麼都不做的絕佳計畫。想要獲得成功，最重要的就是「執行」。

步驟七：堅持每天做一件事，讓你朝重要目標邁進。

在你的日常計畫中排定此項活動，可能是固定讀幾篇相關文章，拜訪幾位客戶或潛在客戶，或是固定時間鍛鍊體能，或背幾個外語單字。無論如何，就是要每天做，一天也別鬆懈。

持續督促自己向目標推進。一旦開始，就繼續前進，不斷前進，別停下腳步。光是這項決定、這項紀律，就能加速達成目標的速度，並且提高生產力。

「寫下目標」的力量

清楚寫下目標，會對你的思考帶來驚人影響；它能賦予你動機，刺激你開始行動，還能激發你的創造力、釋放你的能量，並有效克服拖延症。

「目標，是成就熔爐中的燃料。」當目標越大越清楚，你就會對實現這些目標感到亢奮。當你越常想到目標，心中對於達成目標的動力與渴望就會越強烈。

每天都要思考並檢討你的目標。每天早上一開始工作時，就請鎖定為了要達成重要目標所能做的第一要務。

吃掉你的青蛙

1. 立刻準備一張空白的紙，列出未來一年要完成的十個目標。

   請用現在式、肯定語氣與第一人稱的方式來寫，讓你的潛意識立即接受這些目標。例如，「我要在什麼時間前每年賺到多少錢」、「我要在什麼時間前減重到多少公斤」，或「我要在什麼時間前開某廠牌的車」。

2. 檢視你所列下的十大目標清單，選出其中一個，一旦達成便會對你的人生產生最正面影響的目標，把它寫在另一張紙上，設下期限，訂出計畫，並按計畫採取行動，然後每天做些能讓你朝目標邁進的事。光是這項訓練就能改變你的生活！

02

事先計畫每一天

計畫就是將未來帶到眼前，
讓你現在就能對它採取一點行動。

——時間管理專家亞倫．拉凱恩（Alan Lakein）

你可能聽過一個老問題：「你是怎麼吃完一頭大象的？」答案是：「一口一口吃！」

同樣的，你要怎麼吃掉那隻最大、最醜的青蛙？方法也是一樣——將它拆解為一項項明確的步驟，然後從第一項開始著手。

你的心智，包括思考、規劃與決策的能力，都是用來克服拖延、提高生產力的利器。而你設定目標、規劃與採取行動的能力，將決定未來的人生進程。思考與規劃等行為，能啟動你的心靈力量、激發創造力，並增進你在身心方面的能量。

相反的，正如《時間陷阱》作者亞歷克．麥肯齊（Alec Mackenzie）所說：**「沒有經過深思熟慮便輕舉妄動，是所有問題的根源。」**

行動前需要完善的計畫

在行動之前，制定完善計畫的能力，是你整體能力的展現。當你所擬定的計畫越完善，就越容易克服拖延。

所以，現在就開始行動，吃掉你的青蛙，繼續前進。

工作的首要目標之一，便是讓自己所投注的精神、情緒及體力獲得最大回報。值得慶幸的是，你每花一分鐘計畫，就能節省十分鐘的執行時間。也就是說，只要花十到十二分鐘「規劃」一天的活動，而這小小的時間投資，卻能為你每天節省至少兩個小時（一百到一百二十分鐘）的無謂時間浪費，也省得你白忙一場。

先拿出你的紙和筆

你是否聽過「六P原則」（Proper Prior Planning Prevents Poor Performance），也就是「**適當的事前規劃，可以避免表現不佳。**」

只要事先規劃，竟然能對提高生產力及改善工作表現，產生如此大的助益；但即使了解事先規劃的好處，事實上每天制定計畫的人竟然寥寥無幾。實際上，制定計畫很簡單，你需要的就是一張紙和一支筆。最複雜的Outlook系統、電腦應用程式或時間規劃器，都是基於相同原則為基礎——讓你在開始工作前，先坐下來，將每一件該做的事都列出清單。

如何每天多出兩小時？

切記要根據你的計畫清單工作。每當你想到新事項時，就加到清單中再做。從你開始堅持照表操課的第一天起，就可以增加二十五%的生產力和產量（大約每天兩小時）。

在結束一天的工作後，每天晚上都要列出隔天的計畫表單，將當天所有尚未完成的工作，移到隔天的表單中，再加上隔天該做的工作。

若能在前一晚完成這份表單，你的潛意識便會在睡著時，徹夜處理這份計畫表單，因此等你一覺醒來，腦中經常會出現一些更棒的想法和見解，讓你可以把事情做得更快更好。

只要你在事前花越多時間列出清單，工作起來就會越有效率、越有成效。

依不同目的，做不同表單

你必須依據不同目的，制定不同的計畫表單。

首先，先製作一張總表，列出所有你想到的、希望在未來完成的事。這張表的功能是記錄腦中的所有構想，以及所要面臨的每項新工作或責任，這些項目你可以稍後再整理。

接著列一張月計畫表，這張表是在每個月的月底時，為下個月所擬的計畫表，表上可包含總表中的項目。

再來，列出週計畫表以事先規劃一整週的工作，並且在一週結束後制定這張表。

這種系統化的時間規劃方式，會對你很有幫助。許多人告訴我，在每週結束時，花一、兩個小時規劃未來一週的工作，不僅大幅提升生產力，也徹底改變他們的生活。因此，我相信這項技巧對你也能奏效。

最後，你應該要將月計畫表與週計畫表中的部分項目，移到日計畫表中，這些便是隔天該完成的事。

當你完成一天的工作時，將已完成的項目畫掉、刪除。這種作法能得到一種視覺上的成就感與前進感，看著自己逐項完成表單上的工作項目，除了能得到激勵與活力，還能提升自信與能量。穩定、可見的進度，會鞭策你持續向前，克服拖延。

列出計畫清單逐一執行

當你要進行任何專案前，先從頭到尾列出完成此專案所需的所有步驟。再根據優先順序，規劃整理計畫表上的工作步驟，將它們呈現在你面前的紙上或電腦上，以便隨時看到，接著逐一執行每項工作。而利用這個方式所能完成的工作之多，將會令你十分訝異。

逐步完成專案清單上的工作時，你會覺得自己做事越來越有效率，也更有能力掌控生活，甚至受到鼓舞，想完成更多工作。尤其你的思慮會更加周延、更有創意，也會因此獲得啟發，更快完成工作。

當你堅定的一一完成專案清單上的工作時，便會培養出一種積極向前的氣勢，能夠克服拖延。而這種前進的感覺，也會帶給你更多的活力，支持你度過一天。

此外，關於個人效率最重要的原則之一就是「一〇／九〇法則」這個法則是指，你若能在開始工作前，先花百分之十的時間規劃、整理工作內容，將會節省完成工作所需的時間達百分之九十之多。只要你試過一次，便能親自證實這項法則。

當你事先規劃每一天的工作時，將會發現工作的推進與進行都變得容易許多，做起事來也比以往更快、更順利。你會覺得自己更有影響力、更有能力，變得銳不可擋。

吃掉你的青蛙

1. 今天就開始預先規劃每一天、每一週和每一個月。拿出筆記本或紙（或使用智慧型手機），列出接下來二十四小時內該做的事，只要想到新的事項就加到清單中。接著，列出所有對你未來舉足輕重的專案與複雜的重大任務工作。
2. 依優先性（即重要性）與順序（即何者先做、何者後做），逐一排出你的重要目標、計畫或工作。先想目標，再回頭想辦法。

   在紙上思考！永遠按表操課！你將因自己的生產力變得如此高，吃掉青蛙變得如此容易，而感到訝異。

03

凡事運用八〇／二〇法則

只要運用得當，我們永遠有足夠的時間。

——德國詩人、思想家歌德（Johann Wolfgang Von Goethe）

在所有的時間與生活管理概念中，最重要的無非是「八〇／二〇」法則，這是義大利經濟學家帕雷托（Vilfredo Pareto）於一八九五年首度提出，因此又稱為「帕雷托原則」（Pareto Principle）。

帕雷托發現，社會上的人口和財富很自然的分為兩類：百分之二十的「重要少數」（Vital Few），也就是財力與影響力比他人優越的人；另一種則是「不重要多數」（Trivial Many），即其餘百分之八十的人。

他還發現，所有經濟活動其實都受到「帕雷托原則」所支配，例如：你的成果有百分之八十決定於百分之二十的活動；你的業績有百分之八十來自百分之二十的客戶；你的利潤有百分之八十是由百分之二十的產品或服務所創造的；你的貢獻有百分之八十來自百分之二十的工作……等等。

這表示，如果你的工作清單上有十件事的話，其中兩項的價值將等於或大於其他八項的總和。

常被擱置的反而是「重要少數」

另外，還有一項有趣的發現，在十件工作中，要完成每一項工作所需要的時間可能一樣多，但其中一、兩項工作的價值，卻是其他工作的五到十倍。

而且在你所列出的十件工作中，往往會有一項的價值超過其他九項的總和——這項工作當然就是你應該先吃掉的青蛙。

猜猜，一般人最常、最可能拖延不做的是哪些事？

這個答案令人感到相當失望。因為多數人疲於奔命的往往是那「百分之八十」不重要的工作，也就是對結果貢獻不大的「不重要多數」；而擱置了那些最有價值，也最重要的「前百分之十或二十」的重要工作，亦即那些「重要少數」。

重點在於行動，而非達成率

你是否常會看到有些人每天忙進忙出，卻一事無成。這可能就是因為他們總是忙著處理那些低價值、不重要的工作，而拖延對公司與個人事業真正舉足輕重的那一、兩項工作。

你每天所能做的、最有價值的工作，經常都是最為困難且複雜，若能有效率的完成這些工作，就能獲得驚人回報。因此，若是你尚未完成那前百分之二十的工作，務必要果決的放下其餘百分之八十較不重要的工作。

在每次開始工作前，要先問自己，「這項工作屬於前百分之二十的工作，還是其餘百分之八十的工作？」

拒絕「先完成小事」的誘惑。

切記，無論你選擇怎麼做，只要一再重複，終將成為牢不可破的習慣。假如你選擇做低價值的工作來開始每一天，過不了多久，便會培養出總是先行處理低價值工作的習慣，這可不是件好事。因為那些低價值工作會像兔子一樣不斷繁殖，讓你永遠趕不上。

處理任何重要工作時，最困難的就是起步。一旦你真正開始進行一項有價值的工作，就會產生繼續做下去的動力。你心中有個部分很喜愛投入在重要工作上的感覺，因為這些任務會讓你覺得自己與眾不同。而你的工作，就是不斷餵養這部分的心靈。

工作越重要，滿足感越強

只要想到要開始與完成一項重要工作，便會激勵你，克服拖延。

事實上，完成一件重要工作所需的時間，和完成不重要工作的時間是相同的。相異之處在於，完成有價值且重要的工作，能讓你獲得無比的自信與滿足感。相對的，當你用同樣的時間和精力完成一項低價值的工作時，只會得到極少的滿足感，甚至毫無滿足感可言。

「時間管理」其實就是生活管理，也是個人管理，它其實就是控制做事的順序。時間管理是在管控你下一步該怎麼做，而你永遠都擁有選擇下一步行動的自由。你在重要與不重要的事情中做出選擇的能力，便是決定人生與工作成就的關鍵因素。

高效率、高生產力的人，會自律的從眼前最重要的任務開始做起。無論多麼困難，他們都會強迫自己「吃掉那隻青蛙」，因此，這些人的成就遠遠超過一般人，也比一般人快樂。你的工作方式應該也是這樣才對。

吃掉你的青蛙

1. 今天就列出你人生中重要的目標、活動、計畫與責任。其中哪些是（或可能是）能代表（或可能代表）你百分之八十或九十成果的前百分之十或二十的工作？
2. 現在就下定決心，花更多時間，致力於那些對生活與事業真正「重要少數」的工作，同時減少花在低價值工作上的時間。

04

考慮後果

人的偉大與成就，是根據他對某特定目標投注的力量而定。

——《成功》雜誌創辦人奧里森．馬登（Orison Swett Marden）

卓越思考者的特色，在於能否準確預測「做」或「不做」某件事情的後果。做不做一項工作或活動的潛在後果，都是決定它對你或公司到底有多重要的關鍵因素。而這種評估工作重要性的方式，也就是你如何判斷「下一隻青蛙」是什麼的方式。

哈佛大學艾德華．班菲爾德博士（Edward Banfield）經過五十多年的研究，得到一個結論——在美國，最能準確預測一個人的社經地位，取決於能否以「長遠眼光」來思考，這項因素對於人生與工作成就的影響，遠超過家庭背景、教育、種族、智力、人脈或任何因素。

用長遠角度思考，找出眼前重要事物

你對時間的態度、「時間觀念」（Time Horizon），會對你的行為與選擇造成極大影響。對人生與事業有長遠眼光的人，在時間與活動等方面的決定，總是比那些沒有考慮未來的人好得多。

「長遠眼光」可以改善「短期決策」。

成功者對未來都有明確的方向，他們會思考五年、十年，甚至二十年後；也會分析自己當下的選擇與行為，確定今天所做的事情與未來的期待一致。

在工作上，若能以長遠的角度看清對自己真正重要的東西，那會讓你更容易決定短期內的工作優先順序。

就定義上，重要的事物會帶來長遠影響；不重要的事物則很少、或根本不會造成長遠的影響。所以，開始做任何工作前，你都應該先自問：「**做或不做這項工作可能會造成什麼後果？**」

> 未來的發展意向，會影響且經常決定目前的行動。

你對未來的目標越清楚，對目前的行為影響就越大。擁有明確的長期願景，你就更能夠評估目前所從事的活動是否重要，以確保它與你所要達成的目標一致。

延遲享受，以獲取更大回報

成功者會願意「延遲享受」，並在短期內做出犧牲，以享受更大的長期回報；反觀不成功的人，則多著眼於眼前的快樂與立即的滿足，很少考慮到長遠的未來。

勵志演說家丹尼斯・魏特利（Dennis Waitley）曾說：「失敗者會逃避恐懼的事和會造成壓力的苦差事；成功者則以夢想激勵自己去完成能實現目標的工作。」

例如，早一點上班、固定閱讀和工作領域相關的資料、進修，增進個人技能，以及專注執行能創造高價值的工作，這些事情加總起來，都會對你的未來帶來極大的正面影響。反之，拖到最後一分鐘才上班、喝咖啡、和同事聊天，雖然這些事在當下可能有趣而且令人愉快，但長期下來，必將導致升遷無望、低成就與挫折感。

如果某項工作或活動會為你帶來正面影響，就將它放在第一順位，立刻動手進行；如果某件事情不盡速妥善處理會產生極大的負面效應，那麼這件事也該優先處理。無論你的「青蛙」是什麼，都要下定決心先吃掉它。

持續思考不同選擇的後果

要有動機，才會有前進的動力！一旦確定你的青蛙是什麼之後，你的行動或行為能為生活帶來的正面影響就越大，你也越能激勵自己克服拖延、迅速完成工作。

持續開始，並完成那些對公司與自己未來舉足輕重的工作，讓自己專心一志、不斷前進。

時間不斷的流逝，重點在於你要怎麼利用時間，還有在每週、每月結束時，想要達到什麼目標。而你的進度，便取決於花了多少時間思考短期行動的可能結果。

切記，要決定個人在工作與生活中真正要務的最好辦法，就是持續思考每個選擇、決定和行為的可能後果。

遵循「強迫效率法則」

「強迫效率法則」（The Law of Forced Efficiency）指出，「人永遠沒有足夠時間做每件事，但總有足夠時間做最重要的事。」也就是說，你無法吃掉池塘裡所有的蝌蚪和青蛙，卻能吃掉最大、最醜的那隻。至少就目前而言，這樣就足夠了。

如果有一件重要的工作或專案沒有如期達成，可能導致嚴重後果時，即使時間再緊迫，你仍能擠出時間完成，而且往往是在最後一刻才大功告成。過程中，你寧可早到、加班，鞭策自己完成工作，也不願面對無法如期完成所造成的不愉快。

你永遠沒有足夠的時間去做每件事。

身處現在的商業環境，尤其是必須面對財務數字的經理們，常以百分之一百一十至一百三十的高產能在工作，但是工作與責任依舊不斷累積，還有堆積如山的資料等待批閱。最近便有一項研究指出，一般主管在辦公室與家裡，都積壓著三百至四百個小時才能看完的資料和企劃書。

這意味著你永遠無法完成所有工作，所以，趁早打消這個念頭吧！你所能期盼的，就是掌握手上最重要的責任和工作，並且完成。既然如此，就暫時放下其他工作吧！

「最後期限」只是藉口

許多人認為，若有最後期限的壓力，他們會把工作做得更好。但令人遺憾的是，根據多年的研究顯示，這種說法與事實不符[1]。

當時間緊迫時（通常是因為自己拖延所造成），人們往往承受更大的壓力，更容易犯錯，而必須重做更多工作。人們因事情急迫趕進度，所犯的錯誤，經常會導致更多的缺失與超支，長久累積下來，會造成重大的財務損失。有時候，人們為了趕在最後一刻完成工作而必須重做，反而耗費更多時間。

比較理想的作法是，事先規劃進度且預留時間，以因應突發的延誤與方向調整。在預定完成的時間點，多加上百分之二十（或以上）的時間；或挑戰在期限之前完成工作。過程中，你會發現自己更加從容不迫，工作成果也會獲得

1 Andrew Blackman, "The Inner Workings of the Executive Brain," Wall Street Journal, April 27, 2014

改善。

達成最高效生產力關鍵三問

你可以定期用三個問題來確認自己是否專心，按時完成重要的工作。第一個問題是，「**能為我帶來最高價值的活動是什麼？**」哪些是你必須吃掉的最大隻青蛙，才能對公司組織、家人與自己的人生做出最大的貢獻？

這是你要捫心自問的最重要問題之一。哪些活動能為你帶來最大的價值？就如同照相機的對焦功能一般，在開始工作前，你必須先弄清楚對自己而言，最能創造價值的是什麼。自己先審慎思考這個問題後，也要請教你的老闆、同事與部屬，還有朋友與家人。

第二個問題是，「**什麼是我能做、也只有我可以做的事，而且如果做得好，可以帶來真正的改變？**」這是管理學家彼得．杜拉克所提出，用來提高個人效率的最佳問題之一，也值得你思考，什麼是只有你能做，而且做得好，並且帶來改變的事情？

「只有你能做的事」指的是，如果你不做，也沒有別人會去做；但是如果你完成這件事，而且做得很好，真的會對生活與事業帶來改變。那麼，這隻獨特的青蛙是什麼？

每一天、每一個小時，你都可以問自己這個問題，就會得到一個明確答案。你必須對這個答案一清二楚，然後放下其他事情，開始進行這項工作。

第三個問題是，「**我現在該如何利用時間，才能創造最大價值？**」換句話說，就是「**當下對我而言，什麼是最大的青蛙？**」

這是時間管理的核心問題，詢問這個問題便是克服拖延、擁有高度生產力的關鍵。每一天的每一小時，都會有個工作能為你帶來最大的價值。而你的責任，就是問自己這個問題，一而再，再而三，而且永遠根據答案工作，無論答案為何。

先做最要緊的事，絕不做次要的事。如歌德曾說過的：「絕不可將無關緊要的事擺在最重要的事之上。」

你越能精確的回答以上三個問題，就越容易清楚的排定優先順序、克服拖延，開始進行最值得你運用時間的活動。

吃掉你的青蛙

1. 定期檢視你所表列的工作清單、活動和計畫。不斷自問：「如果及時完成『哪一項計畫或活動』，會對我的生活帶來最大的正面影響？」

2. 找出每一天、每一個小時中，你可以做的最重要的事，然後不斷約束自己，將時間做最有價值的運用。那麼，對你而言，現在這件事是什麼？無論對你最有幫助的是什麼事，將它當作目標，擬定計畫去達成，並立即行動。謹記歌德的良言：「只要投入，就會產生熱情；開始進行，便能完成工作！」

05

利用「創造性拖延」

每天排定完成重要工作的時間，並事先規劃每日的工作量。挑出少數幾件必須在上午完成的小事，然後直接投入重要的工作中，且持續不懈直到完成。

——Boardroom Reports（董事會報告）

創造性拖延（Creative Procrastination）是提升個人表現最有效的技巧之一，也能改變你的生活。

事實上，你無法做完每件該做的事情。有些事，你就是必須「緩辦」！因此，先暫時擱下那些小事，稍後再吃較小或不那麼醜的青蛙。你應該馬上吃掉最大、最醜的青蛙，再做其他的事。總之，請優先處理最棘手的事！

每個人都會拖延。但高績效者與低績效的差別，就在於他們選擇拖延的事情不同。

拖延在所難免，那不妨就下定決心，放下那些低價值的活動吧！那些對你的生活不會帶來多大貢獻的低價值活動，索性就暫緩處理，要不就尋求外援、委託他人幫忙，或者乾脆置之不理。也就是說，**你應該擺脫掉蝌蚪，全神貫注在青蛙上。**

對不重要的事情說「不」

這裡有個重點，除了要定出適當的優先順序，也必須定出後續順序。**優先事項（Priority）**是你要多做且快點做的事；**排後事項（Posteriority）**則是你要少做且晚點再做的事（如果真要做的話）。

你越能減少低價值活動，就越能掌控時間及生活。

時間管理的用語中，最強而有力的字就是「不」！禮貌的說「不」，以避免任何誤解；還要習慣說「不」，把這個字納入你的時間管理字典。

知名的股神巴菲特，曾被問到他的成功祕訣，他回答說：「很簡單。我只是對那些非必要的事情說『不』。」

向那些對你的時間及生活而言，並非高價值的事情說：「不！」親切且堅定的拒絕那些違背你心意的事；要及早拒絕且經常說「不」。請記住，你沒有多餘時間可以浪費，正如我們所說的：「你的時間已經用完了。」

為了處理新工作，就必須完成或停止舊工作。有捨才有得，提起新的，也意味著要放下舊的。

在經過深思熟慮後，決定哪些是即使要做，也不需要馬上處理，而「這件事」就是可以運用創造性拖延的對象。

「刻意拖延」的好處

大多數人都會不自覺的拖延，他們未經思考就延誤事情。結果耽誤了能對生活及事業帶來顯著與長遠影響的工作，也就是較重大、較有價值且要緊的工作。無論如何，你一定要不計代價，避免這種常見的拖延行為。

你的責任就是刻意拖延低價值的工作，這樣才會有更多時間，去處理真正能為你的生活與事業帶來重大改變的工作。

你的責任就是，持續不斷檢視自己的職責和工作，找出那些就算放棄不做，也不會造成損失的耗時工作與活動。

舉例來說，我有個朋友還是單身時非常熱衷打高爾夫球，經常一週打三、四次高爾夫球，每次三至四個小時。數年後，他創業、結婚，有了兩個小孩，還是維持每週打三、四次高爾夫球的習慣。直到有一天，他突然意識到，自己花在高爾夫球上的時間，對家庭及事業造成極大的壓力。

這位朋友此刻才認清，只有放棄占大部分時間的高爾夫運動，才能重新掌控自己的生活。於是他改為每週只打一場高爾夫球，此舉不僅改變了他的生活，也改善了家庭生活。

把耗時的活動擺最後

持續檢視你的生活和工作，找出並剔除最浪費時間的工作和活動。少看電視和上網，把省下來的時間用來陪家人、閱讀、運動，或做一些能提升生活品質的事情。

檢視你的工作，找出可以委派他人或排除不做的事，空出更多時間做真正重要的事。今天就開始實行創造性拖延，隨時隨地找出排後事項，光是這項決定就足以改變你的生活！

吃掉你的青蛙

1. 在生活中實行「歸零思考法」（Zero-Based Thinking）。不斷自問，「如果我不是已經在做這件事，在早知如此的情況下，我今天仍會進行這件事嗎？」若是你早知如此，就不會進行手上的事，那它就是你該忽略不做的事，或該創造性拖延的事情。
2. 檢查每項個人活動及工作，根據今天的情況進行評估。選出至少一項活動放棄不做，至少在其他重要事項完成前，都要刻意暫緩。

06

不斷實踐ＡＢＣＤＥ法

成功的第一定律便是「專心」。
要將全部精力集中於某一點上，
不要左顧右盼，筆直的朝向那一點前進。
——美國作家、演說家威廉・馬修斯（William Mathews）

在開始工作前，你投注越多心力規劃與排定優先順序，一旦開始工作後，就會越快完成更多的重要事項。尤其對你越重要、越有價值的某項工作，你越有動力克服拖延，讓自己全心投入。

「ＡＢＣＤＥ法」便是每天都能用來排定優先順序的有效技巧。這項技巧相當簡單且成效顯著，只要時常運用，就能讓你成為專業領域中最有效率與影響力的人。

這項技巧非常簡單操作，方法如下：首先，表列出你隔天的代辦事項，在紙上思考。

先列出清單，開始分類

開始進行工作前，分別在清單上的每個項目旁標上A、B、C、D、E。

「A」級工作指的是**非常重要**、**一定要做**，做了會帶來正面影響，不做會導致嚴重後果的事情，可能是拜訪一位重要客戶，或完成老闆在即將召開的董事會中所需要的報告，這些項目就是你生活中的青蛙。

假如「A」級工作不只一樣，就在每個項目前面再標註A-1、A-2、A-3等，來排定這些事項的優先順序，顯然A-1這項工作就是那隻要先吃掉最大、最醜的青蛙。

釐清「應該做」與「必須做」

接下來，「B」級工作指的是，你**應該要做**的工作，但這些工作的影響較輕微，算是職場中的「蝌蚪」。也就是說，如果你沒做到其中某一項，可能會造成某人不高興或不方便，但其重要性都不及「A」級工作。例如，回覆一通不重要的電話留言，或檢視電子郵件，這些都屬於「B」級工作。

基本原則就是，如果你還有「A」級工作尚未完成，就不應該去做「B」級工作。也就是說，當你還有一隻大青蛙沒吃掉時，絕對不要因為一隻蝌蚪而分心。

「C」級工作指的是，**能做當然很好**，但做或不做都沒差的工作。包括：打電話給朋友，和同事喝杯咖啡或共進午餐，或是在上班時間處理一些私事，諸如此類做不做都對你的工作、生活完全沒有影響。

「D」級工作指的是，**可以委託他人去做**的事情。原則上，你應該將每一件任何人都能做的事都託付給別人，這樣才會有更多的時間，投入非你不可的工作。

「E」級工作則是，即使你完全**忽略不做**，也不會有任何差別的工作。亦即這項工作可能曾經是件重要的事，但目前已和你或任何人都沒有任何關係。通常E級工作只是你基於平日的習慣或喜好，而不斷重複的事情。但你每多花一分鐘去做E級工作，能做其他重要事情的時間就相對減少。

若能應用此「ABCDE法」來執行你的計畫表，做起事來會非常有組織，也能以更快速度完成更多重要的事。

現在就開始行動

此「ABCDE法」能否奏效的關鍵，取決於你可否在當下約束自己，立刻開始進行「A-1」工作，並且貫徹到底，直到完成為止。請運用自己的意志力，著手並徹底執行目前對你最重要的工作。也就是說，一口氣吃掉整隻青蛙，別停下來，直到工作完全結束為止。

逐項斟酌與分析你的工作表，決定哪項是「A-1」工作的能力，便是你獲取更高成就與提升自信、自尊、個人榮耀的跳板。當你擁有專注在「A-1」（最重要）工作，亦即「專心吃掉青蛙」的習慣後，你的工作效率將無人能及。

吃掉你的青蛙

1. 現在就檢視一下計畫表，在每一項工作或活動旁標上A、B、C、D或E。選出你的「A-1」工作或計畫，並立刻進行。約束自己在完成這項工作前，不做其他任何事。

2. 往後一個月內，每天在你開始工作前，在每份工作或計畫表上都要應用「ABCDE法」。一個月後，你將培養出判斷事情輕重緩急，以及致力於最優先工作的習慣，而你的未來也必然可期。

07

聚焦於關鍵成果領域

集中所有的身心力量，
便能大幅提升個人解決問題的能力。
——美國牧師、作家諾門·文森·皮爾（Norman Vincent Peale）

「我靠什麼賺錢？」在工作職涯中，這是一個你必須不斷探究並回答的重要問題。

事實上，多數人並非真正明白他們因何領薪。不過，如果你不清楚為何會被雇用，以及被雇用的原因為何，那勢必很難在工作上發揮最佳表現，以獲得更高薪資，更快獲得晉升。

簡單來說，這個問題的答案就是，你是受雇來創造特定的成果。當你完成某特定品質與數量的工作後，就能得到薪水，而這些工作和其他人的工作相結合，便成為客戶願意花錢購買的產品或服務。

一般來說，每個工作大都能拆解為五至七個「關鍵成果領域」（Key Result Areas），很少有更多的情形。而這些就是你務必要設法履行的責任，也是你必須盡全力為公司做出的貢獻。

關鍵成果領域指的是，你必須完全負責任的事項，假如你不做，就沒有別人會做；同時也是在你職權下的活動，你的工作成果將成為其他同事的工作素材或輔助。

舉例來說，關鍵成果領域就好比是身體的重要功能，例如：血壓、心律、呼吸率及腦波活動所顯示的功能，若是喪失其中任何一項，就會導致生物體死亡。同樣道理，如果你無法完成工作上的某個關鍵成果領域，就會因此失去工作。

各職位的關鍵成果領域不同

管理階層的關鍵成果領域就是：規劃、組織、人事、授權、監督、評估與報告，經理人必須在個人的職責範圍內，成功獲得以上成果。若是在任何領域的能力不足，就無法成為一位優秀經理人。

業務員的關鍵成果領域則包括：開發潛在客戶、建立客戶關係與信任、找出客戶需求、流利的簡報、處理客訴、順利成交、回購與轉介等。在這些關鍵技能中，若有任何一項表現不佳，就會導致業績差，甚至無法成為一位傑出的銷售員。

無論你做什麼工作，都必須具備工作所需的重要技能，而這些需求會不斷改變。你所擁有的核心能力，只能完成初步的工作，但關鍵工作永遠是最重要的部分，並決定工作的成敗。

對你而言，這些主要成果是什麼呢？

清楚界定你的關鍵工作

達到高績效的基礎，就是先確定自己的關鍵工作是什麼。和你的主管討論，列出自己最重要的職責，同時確定你的主管、同事及部屬都能認同。

舉例來說，對銷售人員而言，拜訪客戶便是一個關鍵成果領域，這是整個銷售過程的關鍵。完成銷售，則是另一個關鍵成果領域。一旦達成買賣，便會帶動許多人的活動，即開始製造並提供產品或服務。

對公司老闆或高階主管而言，與銀行談判貸款是其關鍵成果領域，招聘合適的員工及有效授權也是。

至於接待人員或祕書的關鍵成果領域，則是迅速有效的處理聯絡信件、安排主管行程、接聽或是轉接電話等。

快速又有效率完成工作的能力，將左右個人的薪資所得與升遷機會。

給自己打分數

一旦定義出你的關鍵成果領域後，下一個步驟就是，針對每個領域從一至十分給自己評分。想想看，哪些方面是自己的強項？哪些方面表現優秀或較弱，還有哪些方面的表現則有待改進？

個人表現最差的關鍵成果領域，會使你在施展技能時受限。

這項原則是指，你在這七項關鍵成果領域中，可能有六項表現傑出，但第七項的表現卻很差，這個弱點使得你的表現受到牽制，成為長期的阻力與挫折源頭，讓你所能達到的成就因此受限。

例如，授權是經理的關鍵成果領域，身為一位經理必須能夠管理，並透過其他人獲得成果的關鍵因素。若是經理無法充分授權，便無法將自己的其他技能發揮得淋漓盡致。光是授權技巧不佳這點，就可能導致工作失敗。

表現不佳常會導致拖延

人們多半會逃避過去表現不理想的工作和活動，這點就是職場上常見的拖延主因之一。大多數人不但不會設定目標、擬定計畫來改善自己所欠缺的能力，而是一味採取逃避的態度，反而讓情形變得更糟。

反之，當你越擅長某項技能，就越有表現的動機，既不會拖延逃避，反而有更大的決心去完成它。

事實上，每個人都有強項與弱點。要拒絕為自己的弱點找藉口，也別忙著批判或辯護；相反的，要認清自己的缺點，進而設立目標、擬定計畫，讓自己在這些領域中樣樣都能出類拔萃。試想一下，你可能只差這一項重要技能，就能在工作上有完美表現了。

職涯規劃最重要的問題

以下是你該不斷自問與思索的重要問題之一：「**一旦我獲得哪項技能，並將其發揮到極致後，將為我的事業帶來最大的正面影響？**」

你應該用這個問題規劃日後的職涯方向。深切自省，找出答案。

你可以問主管這個問題，或問同事、朋友和家人。無論答案是什麼，找出來後，就努力提升自己在該領域的表現。

值得慶幸的是，所有商業專業技能都可以學習。假如有人在某一個關鍵成果領域表現突出，就證明只要你下定決心，也可以做到。

想要停止拖延、更快完成更多工作，有個最快最好的方式——讓自己在關鍵成果領域變得卓越超群。這點的重要性，可不亞於你在生活或事業上所做的任何事。

吃掉你的青蛙

1. 釐清你在職場上的關鍵成果領域。它們是什麼？寫下你為了在工作上有優秀表現必須達成的關鍵成果。針對每一項，從一至十分給自己評分。接著找出若能有絕佳表現，將對工作助益最大的那項技能。

2. 就這張清單和你的主管討論，請對方誠實回應並給予評價。只有你願意敞開心胸聽取他人意見，才會有進步。接著和你的部屬與同事討論成果，也和配偶談談。

   在往後的職涯，養成定期做這項分析的習慣。不斷改進提升，光是這項決定就足以改變你的人生。

08

運用「三的法則」

全力以赴，盡其在我。

——美國前總統西奧多．羅斯福（Theodore Roosevelt）

你該做的三大核心工作，包括能讓你為公司或組織創造最大價值的工作。當你能夠準確找出這三大工作，並竭盡所能的執行，才會有最理想的表現。

接下來，讓我告訴你一個真實的故事。

當我在聖地牙哥舉辦第一個全天教練課程後的三個月，辛西亞與該小組分享一個故事。她說：「當我在九十天前第一次來到這裡時，您說在十二個月內，我的薪水將會倍增，工作量則會減半。聽起來很不可思議，但我還是決定試一試。」

「第一天，您要我寫下上週或上個月做過的事情。我寫出十七項自己該負責的工作。我的問題在於——工作量大得驚人。我一週得上班六天，每天十至十二個小時，根本沒有足夠時間陪伴先生及兩個小孩，但我卻找不到方法解決。我在一家快速成長的科技業新創公司服務八年，但工作總是排山倒海而來，時間永遠不夠用。」

如果，一天只做一件事

她繼續說道：

「就在我完成這份表單後，您接著問我：『如果一天之中，只要完成表上的一件事，哪一項會帶給公司最大的價值？』這很容易，我隨即在紙上圈出這項工作。

您接著又問：『如果可以再多做一件事，能為公司創造最大價值的第二件工作是什麼？』當我找出第二項重要工作後，您又重複上述問題，要我找出第三重要的工作。

您接下來的話，讓我當時大吃一驚。您說，不論這三件工作是什麼，我能為公司做出的貢獻有百分之九十都在其中。其餘只是支援或補充性質的工作罷了，其實可以委託他人、減少分量、委外或忽略不做。」

立即採取行動，尋求改變

辛西亞繼續說著自己的故事。

「我看了看這三項工作後發現，我能為公司創造最高價值的，確實是這三項工作。當天是星期五。於是隔週星期一早上十點，我告訴主管這個發現。我說，除了這三大項工作外，其餘工作需要主管協助全都委託他人及委外處理。我相信，如果自己能更專心執行這三項工作，我對公司的貢獻將會是原本的兩倍以上。我還對主管說，既然貢獻是雙倍成長，我希望薪水也能調漲為雙倍。

我的主管不發一語，看著我所列出的重要工作表後，抬頭看了我一眼，又再看了工作表一眼，然後他說：『好吧！』此時，他身後的時鐘顯示是早上十點二十一分。

他說：『你說的沒錯。這些是你在公司最重要、也是做得最好的三件工作。我會幫你委託其他人處理其他次要的工作，並減少工作量，讓你能全心全意完成這三項重要工作。如果你能證明自己的貢獻加倍，我也會支付你雙倍薪水。』」

工作少了，成果、薪水都加倍

對此，辛西亞做了一個總結：「主管真的說到做到，而我也實現個人目標。主管幫我將那些比較不重要的工作分配給其他人，讓我可以專心投入前三項重要工作。於是在接下來的三十天內，我貢獻給公司雙倍的成果，薪水也變成原先的兩倍。

八年來，我一直在工作上全力以赴，卻只因一個月內全心投入這三大工作，就使得收入倍增。除此之外，比起以往每天得長時間工作十至十二個小時，我現在只要早上八點到下午五點這段時間工作，晚上和週末還可以和先生及小孩共享天倫之樂。沒想到，只是專心致力於我的重要工作，就此讓我的人生改頭換面。」

也許對工作而言，最重要的就是「貢獻」。無論你在經濟和心情上所獲得的回報，將永遠與你的成果和貢獻成正比。如果要增加你的報酬，就必須花更多心思增加有價值的作為、對公司貢獻更多的成果，而這「三大重要工作」永遠對公司貢獻最多。

令人訝異的「快速清單法」

我們在輔導初期常邀請客戶做一個練習。我們會給每位學員一張白紙，告訴他們：「在三十秒內，寫下你目前生活中最重要的三項目標。」

結果發現，當人們只有三十秒時間寫出自己最重要的三項目標時，他們使用三十分鐘或三小時回答的答案是一樣的。他們的潛意識似乎進入一種「超級驅動」模式，讓腦中最重要的三項目標自動躍然紙上，而這些答案往往讓他們自己驚訝不已。

超過百分之八十案例，都有三個共同目標：第一、經濟及職涯目標；第二、家庭或人際關係目標；第三、身體健康目標。這些本來就該是人生中最重要的三個領域。如果你以一至十分來評分這三項領域，就能立即發現哪些部分表現不錯，哪些仍待改善。

請你也試試這個練習，或邀請配偶、小孩一起。說不定，答案會洩露你內心的小祕密。

之後，我們會在輔導計畫中提出以下問題，作為延伸練習：

1. 就事業或工作而言，目前你的三大重要目標為何？
2. 就家庭或人際關係而言，目前你的三大重要目標為何？
3. 就經濟財務而言，目前你的三大重要目標為何？
4. 就健康而言，目前你的三大重要目標為何？
5. 就個人或專業發展而言，目前你的三大重要目標為何？
6. 就社會或社區而言，目前你的三大重要目標為何？
7. 目前你的三大問題或擔憂目標為何？

當你要求自己在三十秒內回答每項問題時，你會因為自己的答案大吃一驚。因為這些答案，通常是你真實生活的寫照，這些答案會清楚告訴你，什麼才是真正重要的事情。

當你在設定目標順序、將其條理化、專心致力於最重要的工作，並約束自己不可半途而廢時，請別忘了，你的最終目標是擁有一個長久、快樂及健康的人生。

時間管理的真正目的

培養時間管理技巧的目的，在於幫助你完成所有工作中真正重要的事情，以空出更多時間，來做為你個人生活帶來最大快樂及滿足的事情。

你的生活中有百分之八十五的快樂，來自與他人保持良好關係，尤其是你最親密的家人及摯友。你花多少時間與所愛的人、以及愛你的人「面對面」，是決定人際關係品質的關鍵要素。

時間管理——就是吃掉那隻青蛙，以及用最少時間完成最多事情的目的，在於讓你擁有更多時間和自己關心的人相處，有更多時間做一些帶給你快樂的事情。

對於時間的使用，工作時重質，在家時重量。

在工作時就專心工作

想要保持生活平衡，你應該下定決心在工作時全心投入。當你工作時，請埋頭苦幹。早點開始，晚點離開，工作時也多努力點。要記得，一分一秒都不要浪費。每多花一分鐘與同事閒聊，將奪去你完成工作的時間，如果你還想保有這份工作的話。

更糟的是，上班時浪費時間，經常奪走你與家人的相聚時光。因為你必須加班，或把工作帶回家，以便在晚上完成。白天工作沒效率，會帶給自己不必要的壓力，也會剝奪你成為家中最優秀成員的機會。

讓工作與生活平衡

有句知名的古希臘諺語：「凡事皆以中庸之道為準則。」你得在工作及個人生活之間找出一個平衡點。

你必須排定工作的優先順序，全心投入最有價值的工作。同時別忘了，有效率的工作是為了與家人享受更高品質的生活。

常有人問我：「如何在工作與家庭間取得平衡？」

我則會反問他們：「走繩索的人會花多少時間在繩索上保持平衡？」

經過幾秒鐘的思考，幾乎所有人都回答：「無時無刻。」

我說：「這跟追求工作與家庭生活的平衡是一樣的。你必須每分每秒做到，永遠維持在完美的平衡點是不可能的，你必須付出心力，不斷努力。」

你的目標應該是工作時盡己所能，完成所有工作，並享受可能是你職涯中所能獲得的最高報酬。但也別忘了「欣賞沿途的風光」，請記得你如此努力工作的目的，以及如此堅定投入時間以完成所有工作的原因。如果你能花更多時間與所愛的人相處，就會更快樂。

吃掉你的青蛙

1. 找出你在職場上的三大重要工作。問問自己：「如果一天只做一件事情，哪一項工作將為我帶來最大價值？」再重複問自己兩次。找出你的「三大」要事，並且心無旁騖去完成。
2. 針對生活中的各個領域，找出個人三大目標，排定先後順序，擬定完成計畫，每天照表操課。你將會對未來幾個月及幾年後的成績，感到驚訝。

09

完全準備好再開始

無論你多有能力，一輩子也無法將潛力發揮殆盡。

——英國時間管理作家詹姆斯．T．麥凱（James T.McCay）

克服拖延、迅速完成更多事情的最佳方法之一就是，開始工作前先準備好所需的一切。萬事俱備時，你就像是一支上膛的槍，或是一位箭在弦上的弓箭手。你只需一點心理上的推動，就可以著手進行最高價值的工作。你將會對未來幾個月及幾年後所能實現的成果感到驚訝。

這就和烹調一頓大餐（如大青蛙）得先備料的道理一樣。你要把所有食材都放在流理台上，然後一步一步開始料理晚餐。

從清理書桌或工作區開始，讓眼前就只有一項工作要做。必要的話，將所有東西放在地板或身後的桌子上。將所有完成工作需要的所有資料、報告、詳細數據、文件與素材都收集好，放在手邊，以便可以輕易取得。

確保你備齊所有的書面資料、檔案、登入密碼、電子郵件地址，以及任何需要的東西，接著開始工作，並持續直到完成為止。

創造一個舒適的工作場域

整理好工作區，才能長時間工作時，覺得舒適、愉快。尤其要確定有張舒服的椅子，可以支撐你的背部，還要讓雙腳能平放在地板上。

最具生產力的人，會花時間打造一個他們喜歡待在裡面的工作區。開始工作前，將工作區整理得越乾淨整齊，就越容易開始工作並持續下去。

當一切都布置得整齊有序時，你會覺得自己更樂於繼續工作。

令人驚訝的是，這世上有許多書未能完稿，許多人無法完成學位，許多改變人生的工作從未開始，原因只在於人們無法事先準備好一切。

開始吧，向你的夢想出發

一旦你準備就緒，就必須馬上、立刻開始實現你的目標。開始吧，做什麼都無所謂，踏出第一步就是了。我個人的原則是，「**只要有百分之八十的把握就動手，之後再慢慢修正。**」先升起旗幟，再看看是否有人行禮。不要指望第一次嘗試就完美無缺，即使已經試過幾次，還是可能犯錯。所以，在找到正確作法前，要有一再失敗的心理準備。

曲棍球明星韋恩．葛雷茨基（Wayne Gretzky）曾說過：「如果你不揮桿，那就是百分之百沒機會。」當你準備妥當，請鼓起勇氣採取行動，一切自然會水到渠成。至於培養勇氣的方法，就是假裝你是個勇敢的人，並以這樣的姿態採取行動。

當你坐定，面前放好所有相關資料，準備開始工作時，要展現出最佳的肢體語言。身體坐直，前傾，不要靠著椅背。想像自己是一位有效率、做事有方、高績效的人。然後拿起第一件工作，對自己說：「現在就開始工作吧！」然後全心投入，持續到工作完成為止。

吃掉你的青蛙

1. 好好檢視你在家中及辦公室的桌子。問自己：「什麼人會在這樣的環境中工作？」當工作區越整潔，你就會越積極、越具生產力，也會越有信心。
2. 今天就下定決心，好好整理一下書桌及辦公室，如此一來，每當你坐下來工作時，便會覺得自己有能力、有效率，而且蓄勢待發。

10 一次只做一點

如果能不屈不撓，一次只全力投入一件事情，
即使能力平庸的人，也能有非凡的成就。

——「西方成功學之父」塞謬爾・斯邁爾斯（Samuel Smiles）

有句諺語說：「從整體看來很困難；但是一步一步來，任何事都會很簡單！」

克服拖延的最佳方式之一就是，別理會眼前的繁重工作，只專注在你所能採取的單一行動。**吃掉大青蛙的最好辦法就是，一口一口吃。**

同樣的，老子說：「千里之行，始於足下。」這便是克服拖延、更快完成更多工作的良策。

橫越撒哈拉沙漠的方法

多年前，我開著我的老休旅車，橫越撒哈拉沙漠，深入現在的阿爾及利亞塔奈茲魯夫特（Tanezrouft）地區。當時，法國已放棄這塊沙漠多年，原來的加油站也已經空蕩蕩。

這片沙漠連綿延亙五百哩，沒有水、沒有食物，甚至連一根草、一隻蒼蠅都沒有。放眼望去，一片平坦無際，就像是一個朝四面八方綿延的廣闊黃沙停車場。

在過去幾年，有超過一千三百個人在橫越撒哈拉沙漠時死亡，流沙湮沒穿越沙漠的路徑，經常發生旅人於夜間迷路的情形。

為了解決該地帶缺乏明顯路標的情形，法國人便在沙漠中放置五十五加侖的黑色油桶作為標示，桶子與桶子間相距五公里，正好等於到地平線的距離，也就是視線所能及的極限，過了那一點，就看不見地面了。

因此，在白天時，無論我們身處在沙漠的何處，一定都可以看到兩個油桶，一個是剛剛經過的油桶，另一個則是前方五公里處的油桶，這就夠了！我們該做的，就是朝下一個油桶前進。結果，藉著「一次一個油桶」的方式，我們穿越了世界上最廣闊的沙漠。

一步一步來，這就夠了

同樣的，你也可以藉由一次採取一個步驟的方式，完成生活中最大的工作。你該做的就是抵達舉目所及的標的物所在之處。如此一來，你所看到的距離，便足以讓你走得更遠。

為了完成一項重大的任務，你必須憑著信心邁出第一步，並且相信下一步很快就會變得清晰。要切記以下這個好建議，「當你縱身一跳時，網子自然會出現！」

美好的人生或成功的事業，都是藉由一次次快速、確實完成一項工作，再繼續進行下一項工作而建立。經濟獨立則要靠年復一年，每個月存一點錢累積而來；要擁有健康及良好體格，也要月復一月、日復一日，少吃多運動來實現目標。

只要邁出第一步，朝著目標，一步一步邁進，以一次一個油桶的方式，相信你就可以克服拖延症，創造輝煌的成就。

吃掉你的青蛙

1. 選出任何一項你在生活中擱置不理的目標、工作或計畫，然後列出完成該工作所需的所有步驟。

2. 接著，踏出第一步，有時候你只需要坐下來，並完成清單上的一項工作，再一項一項繼續下去，最後的成果就會令你感到訝異。

11 提升你的關鍵技能

無論你從事什麼工作，
提供比自己份內所該做的，更多、更好的服務，
是成功唯一途徑。

——「銷售大師」奧格．曼狄諾（Og Mandino）

「提升技能」也是一項很重要的個人生產力原則。學習自己必須掌握的技能，才能出色的完成工作。你越會吃某種青蛙，就越可能一頭栽入並完成。

拖延的主因之一，就是自認為無法勝任某個主要的工作領域，缺乏自信，或不懂該領域的相關技能。對一種領域自覺不足或無能為力，就足以讓你無法開始工作。

所以，要不斷提升自己在關鍵成果領域的技能。記住，無論今天的你多優秀，但相關知識和技能很快就會落伍。如同籃球教練派特・萊里（Pat Riley）所言：「當你停止變得更好，沒有進步，就是退步。」

永遠不要停止學習

最有效益的時間管理技巧之一，就是要越來越擅長你的主要工作。個人與專業的進步，能節省最多時間。當你對某個工作越專精，就越有動力投入；你越有能力，就會擁有越多的活力與熱忱。當你知道自己可以將一件工作做到盡善盡美時，就越容易克服拖延。

即使只是一項資訊或額外技能，都會對你完成工作的能力造成極大差異。

總之，要先找出自己最重要的那項工作，然後擬訂計畫，不斷提升自己在該領域的技能。

在任何領域，不斷學習都是成功的基本條件。

別讓任何弱點或能力不足阻礙了你的前進，職場上的任何事都可以學會，別人所學的東西，你也可以學會。

當我開始寫第一本書時，曾因為只能邊找按鍵邊打字而感到氣餒。不久之後，我意識到，如果我想要寫作，並寫出一本三百頁的書，就必須學習電腦打字。因此，我買了打字程式，連續三個月，每天都練習二十至三十分鐘，結果還不到三個月的時間，我已經能每分鐘打四十至五十個字了。就是因為有了這項技能，我才能寫出目前已在全世界發行的四十餘本書。

值得慶幸的是，你可以藉由學習任何技能，讓自己更有生產力與效率。你可以成為一位打字快手、電腦專家、優秀的談判專家或頂尖的銷售員，你也可以學會公開演說，學會有效且優良的寫作技巧——只要你下定決心，並且將它們列為優先目標，這些技巧你都能學會。

變成專家的三個步驟

首先，每天都要閱讀與個人工作領域相關的資料一個小時。早一點起床，花三十至六十分鐘的時間，瀏覽能提升個人工作能力的書籍或雜誌，透過這些內容與資訊，可以幫助你在工作上更有效率、更具建設性。

其次，參加對你有幫助的重要技能課程和研討會；出席相關行業的大會和商務會議；參與講習和工作坊等。另外，盡量坐在前排，認真做筆記；或購買教學影片。總之，你要努力成為所屬領域中，最有知識和能力的人之一。

最後是在開車時間聽廣播。一般駕駛人平均每年要花五百到一千小時在車程上，因此，把開車時間轉為學習時間吧！只要一邊開車一邊聽教育性節目，就能成為個人專業領域中最聰明、最有能力，且收入最高的人士之一。

你只要學習且了解得越多，就會越有信心及動力。你越是追求進步，就越有能力在工作上展現卓越的表現。你越積極學習，就越有能力學習。

如同你可以藉由體能訓練來鍛鍊肌肉，你也能藉由智識練習來增強個人心智。除非你畫地自限，否則你所能前進的程度與速度，可說是毫無極限。

吃掉你的青蛙

1. 找出能幫你最快獲得優異成績的主要技能。找出個人專業領域中，未來需要具備的核心能力。現在就設定目標、擬訂計畫，並開始培養及提升你在這些領域的能力。下定決心，成為同業中的佼佼者！

2. 制定個人計畫，做好準備，讓自己以最佳狀態完成最重要的工作。專注在自己特別有天分、也最喜愛的領域。這就是啟開你個人潛能的鑰匙。

12

認清你的關鍵限制

集中心思、全神貫注在手上的工作。
唯有聚焦在一個定點上，陽光才能引燃火苗。

——「電話之父」亞歷山大・葛萊姆・貝爾
（Alexander Gerham Bell）

完成重要目標前，在你與目標之間，有一個必須克服的障礙，而你的任務，就是要先找出這個障礙是什麼。

到底是什麼阻礙了你的前進，影響你達成目標的速度？到底是什麼阻止你或使你止步不前，無法吃掉那隻真正舉足輕重的青蛙？為什麼你至今仍未達成目標？

以上都是當你企圖提高個人生產力與效率時，要不斷自問與思考的重要問題。無論你要做什麼，總有個限制因素會決定完成的速度和品質，而你的職責就是研究該項工作，認清其中的限制因素或局限，然後集中所有精力，破除這項阻礙。

確實找出那個「限制因素」

事實上，不分大小工作，都會有個「限制因素」影響你實現目標或完成工作的速度。至於這個因素是什麼？可能是提供你所需協助或決策的人、或是一項你需要的資源、組織較弱的一環，或是其他。

你的職責就是找出這個一直都存在的限制因素，並且集中心力在此關鍵領域，因為這就是最值得你運用時間與發揮長才之處。

例如，做生意的目的就是要開發並留住客戶。只要確實做到這一點，公司就能賺錢，並持續成長與蓬勃發展。

每個行業都有其限制因素或阻礙點，決定公司達到目標的速度與品質。這個因素可能是市場、銷售狀況或銷售員本身；或是營運成本或生產方式；也可能是現金流量或成本。一家公司能否成功，可能取決於競爭者、客戶或目前的市場狀況。其中肯定有個因素，最能決定公司成長與達到獲利目標的速度，而這個因素是什麼？

準確找出任何過程中的限制因素，並把焦點放在這個因素上，通常這會比任何一項活動，更能在短時間內帶來更大進展。

關於限制的八〇／二〇法則

「八〇／二〇法則」也適用於生活與工作上的局限。也就是說，有百分之八十的限制阻礙你達成目標，是屬於內在因素。這些因素存在你的內心——

存在於個人特質、才能、習慣、紀律或能力中，或者也存在你的公司或組織中。

只有百分之二十的限制，來自你或組織的外在因素，例如：競爭對象、市場、政府或其他組織等。

你的關鍵限制可能微小而不明顯。有時，你必須一一列出過程中的每個步驟，並檢視每一項活動，才能正確判斷是什麼阻礙了你的前進；有時，可能是客戶端一個負面評價或反對意見，就影響整個銷售進度緩慢；有時，是因為缺乏某項特色，而妨礙產品或服務的銷售成長。

別忘了，誠實的檢視自己公司！

仔細觀察你的老闆、同事及部屬，看看其中是否有阻礙你或公司前進的關鍵弱項，而這個弱點就是你達成主要目標的絆腳石。

別忘了檢視「自己」

成功人士總是會自問：「我的內心有什麼阻礙了前進？」從中分析限制自己的因素。他們會承擔起責任、檢討自己、找出問題的原因及解決方式。

至於個人的生活，你也必須誠實、深切的檢視自己，找出影響你達成個人目標的速度的限制因素或限制技能，要不斷自問：「是什麼決定了我獲得渴望結果的速度？」

找出真正的「限制」解決它

你對於「限制」的定義，會決定你突破的策略。無法正確找出限制，可能會誤導你走到錯誤的方向，致使你反而在解決錯誤的問題。

我輔導過一家大企業，這個客戶曾面臨銷售衰退的困境。該公司的主管推斷，他們的關鍵限制在於銷售員的素質及銷售管理，於是耗費大筆資金重新規劃管理部門，並重新訓練銷售人員。

後來他們才發現，造成銷售下跌的主因，其實來自一位會計所犯的錯，他所訂的產品價格竟然高出競爭對手許多。於是公司一調整定價，馬上就扭轉頹勢並開始獲利。

一旦你找出一個關鍵限制或阻礙點，且成功解決後，另一個關鍵限制或限制因素就會出現。無論你是早上準時上班的普通職員，或是一位成功的企業家，總會有個限制因素和瓶頸影響目標達成的速度，而你的責任就是要找出它們，並集中精力盡快解決。

每天一開始工作，就先解決一個關鍵限制或瓶頸，會讓你充滿活力與能量，並且推動你堅持到底、完成工作。雖然限制因素永遠存在，但是關鍵限制往往就是你當時該吃掉的——最重要的那隻「青蛙」。

吃掉你的青蛙

1. 找出生活中最重要的目標。那個目標是什麼？如果你達成哪個目標，會對人生帶來最大的正面影響？哪種事業成就會對你的工作、生活，造成最大的正面影響？
2. 鎖定一項限制，不管是內在或外在的，並設定達成目標的速度。問問自己，「為什麼我還沒達成目標？我的內在有什麼阻礙前進？」無論答案是什麼，立刻採取行動。想點辦法！做點什麼。任何事都可以，開始行動就對了。

13

鞭策自己

成功的首要條件就是——
堅持不懈的運用身心能量來解決一個問題。

——美國發明家湯瑪士·愛迪生（Thomas Edison）

世上不乏有些人老是等著別人出現，來激勵他們實現理想。但問題是，根本不會有人來拯救他們。

這些人就像在沒有公車經過的街道上候車，如果他們不對自己的生活負責、不鞭策自己，可能終其一生都在等待。

只有百分之二的人不需旁人督促，就能投入工作。這些人，就是所謂的「領導者」。如果你決定自己要成為這樣的人，那麼你就可以成為這種人。

你的責任就是培養這種自我鞭策的習慣，充分發揮潛力，而不是坐等別人幫忙，你必須主動選擇自己的青蛙，再依照輕重緩急吃掉這隻青蛙。

成為專屬領域的佼佼者

讓自己成為別人的榜樣，並提高自我要求。你為自己的工作與行為所設定的標準，必須遠高於他人為你設下的標準。

把早一點開始進行，多努力一點，多堅持一點當成一種遊戲。想盡辦法加倍努力，做比你的報酬更多的事。

心理學家納森尼爾・布蘭登（Nathaniel Brandon）將「自尊」定義為一種「自我榮譽感」。而你先前所做過的事，不論成功或失敗，都會提高或降低個人的榮譽感。值得慶幸的是，每當你鞭策自己竭盡所能，或突破一般人會放棄的界限時，就會自我感覺更加良好。

想像如果只有「一天」時間

還有個克服拖延的好方法，就是想像自己只有「一天」時間，可以完成最重要的工作。

每天想像自己剛接獲緊急通知，必須離家一個月。假如你必須離開一個月，那動身前必須完成什麼事？請現在就立刻開始處理那件事。

另一個方法是，想像自己剛得到一項大獎，可以免費到一個美麗的度假勝地享受假期，但你必須隔天一早就出發，否則獎項就得讓人。在你啟程前有什麼事一定得完成，才能順利去度假？請立即開始進行那件事。

成功者會不斷驅策自己，讓自己有高水準的表現。一事無成的人則需要別人的指示、監督及鞭策。

透過自我驅策，你就能用更快的速度完成更多工作，並做得更加完善。你也會成為一個高表現、高成就的人。你會開始覺得自己很優秀，然後一點一滴培養出迅速完成工作的習慣，而這種好習慣會讓你終生受用。

吃掉你的青蛙

1. 每個工作及活動都要訂出期限或檢查點。創造自己的「強迫系統」（Forcing System）。為自己設立目標，絕不找藉口拖延。一旦你為自己訂出期限，就堅守進度，甚至試著超前進度。
2. 開始前先寫下重要工作或計畫的每個步驟，決定每個階段所需完成的時間。然後，讓自己不斷與時間賽跑，超越你的期限，把這視為一項遊戲而且一定要挑戰成功。

14

激勵自己採取行動

人類正是在追求高度冒險、成功和創造性行動中，體驗到最大的樂趣。

——《小王子》作者安東尼．聖修伯里（Antoine de Saint-Exupéry）

為了讓自己的能力發揮極致，你必須成為自己專屬的啦啦隊長，並養成習慣，不斷訓練及鼓舞自己，展現最佳狀態。

無論是正面或負面情緒，大部分取決於你不時對自己說話的方式。真正左右你感覺的，並非個人遭遇，而是如何看待這些事情的方式。你對於事件的看法，會決定它們到底是激勵或阻礙，會讓你振奮或令人消沉。

為了讓自己保持活力，你必須成為一個樂觀主義者。你必須下定決心，以積極態度回應周遭所有人的言行及各種情況。生活中的困難與挫折無法避免，但你必須拒絕讓這些事情影響自己的心情或情緒。

永遠記得與自我對話

你的自尊，就是你有多喜愛、尊重自己的程度，這會是你的動力與毅力主要來源。你應該永遠用積極的態度與自己對話，以增進個人的自尊，例如：不斷告訴自己，「我喜歡我自己！我喜歡我自己！」直到你真正開始相信自己所說的話，並像個高度表現的人為止。

為了保持動力並克服懷疑或恐懼，你要不斷告訴自己，「我做得到！我做得到！」當別人問你感覺如何時，你必須回答：「我覺得棒透了！」

無論你當下感覺如何，或是生活中發生什麼事，都要下定決心，讓自己保持愉快與樂觀。正如維克多．弗蘭克（Viktor Frankl）在其暢銷書《活出意義來》中寫道：「人類最終極的自由，就是無論受制於何種外部環境，都能選擇自己的態度。」

另外，也不要向別人抱怨，把問題留在自己心裡，如同幽默作家與演說家艾德．福爾曼（Ed Foreman）所說：「你不該將自己的問題說給別人聽，因為百分之八十的人根本就不關心你的問題，其餘百分之二十只會因為你重視他們而感到高興。」

不斷練習、培養樂觀心態

馬汀．賽利格曼（Martin Seligman）根據他在賓州大學二十二年的研究，寫成《學習樂觀．樂觀學習》一書，他推斷，若是想在個人與工作上獲得成功與幸福，「樂觀」是必須培養的最重要特質。而且樂觀者幾乎都具備以下四種特質，這些特質都是透過練習和不斷重複而來。

第一，樂觀者會在每一種情況中尋找好處。無論出了什麼差錯，他們總是會在其中尋找好處或有利之處。而且毫無例外，他們幾乎都能找到。

第二，樂觀者總會在每個挫折或困難中記取寶貴的教訓。他們相信「困難出現的原因不在於阻礙，而是教育。」他們相信，每個挫折或障礙都有可供學習與成長的寶貴教訓，而他們都能下定決心找出來，並引以為鑑。

第三，樂觀者總是尋找解決問題的方案。事情出差錯時，他們不會責備他人或抱怨，而是採取行動，尋求解決方法。他們會思考，「該怎麼解決？我們現在能做什麼？下一步又該怎麼做？」

第四，樂觀者會不斷思考及談論自己的目標。他們會思考未來與自己的理想，而不是過去與自己的背景；他們總是往前看，而非回頭望。

當你持續想像自己的目標與理想，同時以積極的態度與自己對話時，你會變得更加專注、有活力；你會覺得更有信心、有創造力；你會對一切更有把握，也會覺得充滿力量。

當你越積極、越有動力時，就會越渴望開始行動，也會更具有決心，繼續前進。

吃掉你的青蛙

1. 控制自己的想法！記住，通常你想什麼就會成為什麼樣子。所以，要確定你所思考及談論的，都是你想要的東西，而不是自己不想要的東西。
2. 透過對自己完全負責，常保積極的心態，要拒絕因任何事而批評或責備他人。下定決心追求進步，不找藉口。將自己的思想及精力完全投注在前方，專注在能幫你改善生活的事情上，其餘一概不理會。

15 科技是糟糕的主人

別把生命浪費在追求速度上。

——印度國父甘地（Gandhi）

科技可以是你最好的朋友，也可能是最難抗拒的敵人。當我們沉迷於必須不斷與人通訊聯絡的需求時，科技就成為我們的敵人。這種讓自己一直掛在「線上」的強迫症，讓我們在精神上感到窒息，沒有時間停下腳步，去享受片刻花香，或整理自己的思緒。

與科技的關係是敵是友，取決於控制你和科技之間的關係。比爾．葛洛斯（Bill Gross），是PIMCO公司曾掌管六千億美元規模的固定收益基金與債券的經理人，他每天都會透過規律運動以及打坐冥想集中精神；儘管這段時間他會關掉所有的通訊設備，但從不曾因此遺漏任何重要訊息。

面對科技，你有選擇權

為了保持冷靜、頭腦清楚，並永遠處於最佳狀態，你必須遠離這些日常的通訊科技，小心一不留意就被它們所淹沒。有位學者針對一群執行長和創業家進行研究，切斷他們的通訊科技，結果發現這些人的記憶力變好，人際關係更深刻，晚上也更好睡，而且更有可能做出改變人生的決定[2]。

當人們太常掛在線上，通訊科技很快變成一種具破壞力的「上癮」症候群。人們一早醒來，還沒下床，就不由自主先拿起手機查看訊息。就算還沒吃早餐、喝水，甚至還沒刷牙，就急著衝到電腦前開始發訊息。根據一項研究[3]指出，成人平均每天查看手機四十六次；另一項研究[4]則統計為八十五次，且指出「人們實際查看手機的次數，是他們自以為的兩倍」。

不要過度沉迷、當低頭族

不久前，我在華盛頓參與一場商業午餐會，與會的都是高階主管、執行長。用餐前，其中一位起身進行一段簡短的感恩禱告。與會者也都跟著低頭默禱，禱告完畢後，便開始上菜。

不過，和我同桌的八個人中，其中有四、五個人似乎還沉浸在剛才的禱告中。上菜時，他們依舊低著頭、雙手置於腿上，彷彿仍在深思當天會議上的一些議題。

---

2 "What Really Happens to Your Body and Brain During a Digital Detox." Fast Company, July 30th, 2015: http://www.fastcompany.com/3049138/most-creative-people/what-really-happens-to-your-brain-and-body-during-a-digital-detox

3 Americans Check Their Phones 8 Billion Times a Day" Time, December 15th, 2015: http://time.com/4147614/smartphone-usage-us-2015/

4 "How we use our smartphones twice as much as we think" Science News Daily, October 29th, 2015: https://www.sciencedaily.com/releases/2015/10/151029124647.htm

接著，我發現他們根本不是在禱告，而是在使用手機收發郵件和訊息，遊走在那小鍵盤上，猶如一群青少年沉迷於線上遊戲般。他們在傳送郵件的同時，已經完全忘了周遭的一切。其中有些人，甚至是跟同餐廳裡的人互傳信息。這些人全都掉入科技的陷阱，被這些訊息所淹沒。

回不完的信，做不完的事

我有位客戶發現他自己整天被綁在電腦前，一天要花上好幾個小時收發電子郵件。他花在電腦的時間越多，越無法完成其他重要工作。而這些未完成工作所造成的壓力日積月累，最後排山倒海般迎面而來，嚴重影響他的生活品質、健康和睡眠習慣。

於是我們教導他運用「八〇／二〇法則」，以及如何回覆這些信件。收件匣中的信件有百分之八十沒有任何附加價值，你根本不該開啟，應該立即刪除；至於其餘百分之二十的信件，也只有百分之四真正需要回覆；其中的百分之十六可以暫時擱置不理，或移至待辦資料夾，稍後再處理。

刪除那些無關緊要的信件吧

讓自己切斷與電子通訊的連結。取消訂閱你不想看的電子報，並設定一封自動回覆郵件，寫著：「我每天只查看信箱兩次，我會盡快回覆你的 email。若有急事，請打以下電話……」

一位《財富》（Fortune）雜誌的記者最近發表一篇文章，提及他在休假兩週後回到辦公室時，竟有超過七百封郵件等著他。他知道，自己可能要花上一整個星期來看這些信，而這段期間，他可能無法處理任何手邊的工作。

他深深吸了一口氣，工作生涯頭一遭，他點下「清空資料夾」的功能，永久刪除這七百封信件。接著，專心處理對他個人及公司真正重要的工作。

他的理由很簡單：「我明白了一件事，有人寄信給我，並不代表他們可以主導我某部分的生活，所以我沒有必要馬上回覆。何況，如果真的是很重要的信件，他們會再寄一次。」事實果然不出他所料。雖然很少人真的會去清空整個收件匣，但你絕對可以刪掉或忽略比現在更多的郵件，並且有權利去刪除那些無關你的重要目標和人際關係的所有信件。

不上網也能掌握天下事

研討會中常有人問我：「難道你不上網掌握時事嗎？」我告訴他們：「如果真的很重要的話，自然會有人告訴你。」

就像很多人不看新聞，但令人訝異的是，他們對那些最重要的時事議題，仍然瞭若指掌。而你應該要跟他們一樣。

吃掉你的青蛙

1. 今天就下定決心，在日常活動中，創造一段安靜時間。分別在每天早上和下午時間，將電腦和手機關機一小時。你將會感到很訝異——因為什麼事也沒發生。

2. 下定決心，每週有一整天，不去碰你的科技通訊設備。在經過「數位排毒」後，你的心靈會變得更為沉靜、清明。當你的心靈重新充電後，你在「吃青蛙」時，就會變得更有效率。

16 科技是最棒的僕人

科技只不過是一種工具。

——美國慈善家梅琳達・佛蘭契・蓋茲（Melinda French Gates）

你必須控制自己，把科技視為你的僕人，而非主人。科技是用來幫助你，而非阻礙。科技的目的是為了讓你的生活更加平穩輕鬆，而不是帶來麻煩、困擾與壓力。

如果你想要完成更多具有高價值的工作，就別再去做那些低價值的事情。你必須不斷問自己：「什麼事情最重要？」你應該要完成哪件工作，最重要的是哪件事？在你的個人生活中，什麼是重要的事？如果你只能做其中一、兩件重要的事，那是什麼事？

藉由科技工具積極的幫你處理最重要的工作，免於受到不重要事情干擾。利用科技工具，可以輕鬆掌控你的溝通、時間，甚至個人情緒。

清理電腦桌面，關掉手機快訊

清理你的電腦螢幕桌面，就像清理實際的辦公桌面一樣；關閉所有與你手頭工作無關的軟體。阻絕那些最容易讓你分心的網站，只開啟那些完成工作所需的通訊軟體。

大多數工作都需要某種程度的溝通，但如果同時開啟十種不同的通訊軟體，就太超過了。一旦你控制電腦螢幕，只允許它跳出與工作相關的訊息，你就能整理好電腦的視窗桌面，讓工作流程更流暢。

關掉手機設定中所有聲音和畫面的提示訊息，讓你的手機明白，誰才是真正的主人。「自己掌控什麼時候才想去查看手機」是最重要的一步，這樣你才能重新拿回人生的發球權。

遇到急事怎麼辦？

然而，對於家有老小或殘疾親屬的照顧者來說，關掉手機和電腦上的所有通訊軟體，似乎不太可行。萬一碰上長輩在家中發生意外，或小孩在幼兒園遇上緊急事件怎麼辦？

這個考量的確合情合理。只不過，讓自己處於隨時可被他人打擾的狀態，並不是一個好辦法。相較之下，你可以留一支專屬電話號碼、電子信箱帳號或其他聯絡方式，只給你所關心的人和家人的看護，專為緊急事件聯絡使用。

如果有必要，這個方法也可以運用在工作上——留給老闆或重要客戶一個專屬聯絡管道。或者將電子郵件設定自動分類功能，把那些工作上最重要的寄件人郵件，自動歸入「優先閱讀」的收信匣。

換句話說，要清處劃分你的溝通管道，只允許那些重要的「青蛙」，才能跳進你所專注的範圍。

善用數位工作清單排行程

你的行程表會是個好傭人，卻是個糟糕的主人，它無法幫你決定行程的優先順序。所以，千萬別輕易接受任何數位邀請。先問自己，這個邀請是否符合自己的優先順序，再決定是否按下「接受」按鍵。

在你的行事曆上，將需要用於工作的大範圍時間先標記起來，將其視同重要約會。斬釘截鐵標示出它們的重要性，如此一來，當別人看到你的行事曆時，就會知道你只剩下哪些零星空檔。這將促使他們縮短開會時間，減少時間浪費。

數位工作清單（或某些工作管理軟體）是幫助你掌控時間的有效工具，它擁有所有紙本待辦清單的優點，再加上一些額外功能。

數位工作清單讓你只需按一下按鍵，就能將工作項目轉移到其他人的待辦清單中，幫助你更有效率的委派工作。但請切記，面對他人的工作指派時，只接受符合自己優先順序的工作。通常數位工作清單亦有提醒功能，你可以設定提醒，何時該完成當前最重要的工作。

勇於學習並掌握新技術

許多人因為害怕學習新技能，以致無法善用新科技。這種恐懼是可以克服的：向自我局限說「不」。所有的方法和技巧都可以學習，別人學得會的東西，你也可以。

讓公司知道你樂於學習新技術工具，因為它能讓你的工作更有效率。如果你的家人、朋友或同事是這方面的專家，盡可能向他們學習。

更重要的是，避免說「我不行」。掌握科技不再是選擇性技能；它和閱讀、寫作和算術一樣重要。

只有特定人士才懂得善用科技的想法已經過時，無論你的年紀、性別、種族為何，你都有掌握科技的能力。如果學習過程中遇到挫折，只要記住，每個人都會遇到同樣情形，即使是時薪數百美元的專業程式設計師，在面對科技時，也有受挫的時候。

讓社交平台為你所用

當你把科技視為僕人時，它可以是一項正面、具激勵性，並可提高生產力的資源。把你視為最重要且具有挑戰性的目標，公開在個人社群媒體中，向訊息追蹤者保證，你將達成目標。每天持續更新進度，一旦你虛度一天或鬆懈下來，他們就會幫忙督促你。

在社群媒體上發布進度，也是一種獎勵自己的好方法，尤其是面對長期計畫的時候，當成果設定在遙遠的未來，往往很難保持努力的動力，因此，在社群平台上定期更新進度，讓你的追蹤者按讚或送愛心，都能讓你得到小小的獎勵和成就感。

你也可以尋找相同領域工作者的社交平台，與同行比較，誰能吃掉最多隻「青蛙」。舉例來說，許多小說家喜歡在X（前稱Twitter，推特）上秀出自己當天的產出字數，比較誰是產量之王，或誰是拖稿大王。

別再被社交平台所奴役，應讓它為你所用。你只需這麼做：與其發布陳腔爛調的內容，不如公布自己的生涯目標，尋求社群的支持，並且督促你、幫助你達成目標。

吃掉你的青蛙

1. 從現在開始下定決心，把緊急通報以外的數位通知提醒功能都關掉，只為最重要的工作保留時段。
2. 尋找並安裝一款能幫助你保持專注，並提升效率的電腦軟體或手機應用程式。

17 專注力

人生是一門關於注意力的學問，你的注意力放在哪裡，你的生命就在那裡。

——印度哲學家克里希那穆提（Jiddu Krishnamurti）

「專注」是高績效的關鍵。那些讓你「分心」的吸引力，尤其來自電子產品的誘惑，會導致分散注意力、心思不定、缺乏專注力而導致表現不如預期，最終走向失敗。

近來許多研究證實，持續回應電子郵件、電話、簡訊和即時訊息（IM），會對大腦產生負面影響，縮短專注力，使你越來越難以勝任工作上的要求，而那將決定你未來的成敗[5]。

想想你是如何上癮的？

當你早上起床第一件事，就是檢視電子郵件，或立刻回應電子產品所發出的提示訊息或鈴聲時，你的大腦會分泌出一種多巴胺，使人感到一股興奮愉悅，刺激你的好奇心，誘使你馬上採取回應。當你這麼做時，會立刻忘了手邊的工作，轉而把注意力全放在新訊息上。

就像拉霸機贏錢時的音響效果一樣，電子郵件或即時訊息所發出的提醒或鈴聲，會促使你產生想知道自己「贏了什麼」？使你立即停止手邊的工作，迫切想知道自己的「獎品」。

當你從檢查郵件或回應訊息得到多巴胺，展開新的一天時，你會發現接下

5 Leon Watson, "Humans Have Shorter Attention Span Than Goldfish, Thanks To Smartphones," Telegraph, May 15, 2015, http://www.telegraph.co.uk /science/2016/03/12/humans-have-shorter-attention -span-than-goldfish-thanks-to-smart/.

來一整天，都很難保持面對重要工作所需的專注力。

「一心多用」的真相

有些人認為，他們可以「一心多用」，同時進行多項工作，在回應電子郵件和重要工作之間穿梭自如。但事實上，每個人一次只能專注於一件事，而那些人只是在「切換工作」，並非「同時進行多項工作」。他們不斷轉移自己的注意力，就像探照燈不斷切換目標一樣。

工作到一半被打斷後，你必須花約十七分鐘，才能重新集中注意力在眼前的工作。這就是為什麼有許多人雖然越來越努力工作，卻因為整天都在電子郵件和工作之間不斷切換，以致績效越來越差。除此之外，他們犯錯的頻率也較其他人高。

試試更有效的解決方案

解決的辦法很簡單，而且有許多優秀的業界人士都在身體力行。首先，別從檢查電子郵件開始你的一天，以致整天沉溺於多巴胺中，關掉它們。如果無論如何，你都必須檢查電子郵件，那就速戰速決，看完信便盡快回到工作上。

關掉電腦的音源，將手機調至震動或靜音，切斷任何可能導致大腦產生多巴胺的刺激，以免自己陷入永無止盡的干擾中。或者固定保留早上十一點和下午三點這兩個時段，才檢查電子郵件，檢查完畢後就關掉。只留下一組緊急連絡電話號碼，以備萬一。

當你要參加會議時，可以先和與會成員們達成協議，關掉手機和電腦。大家都集中百分之百的注意力在會議上，千萬別在開會時使用電腦或電話，這種表現很不尊重他人。

當然，這個方法在家中也適用。

讓生產力倍增有方法

這裡還有個小方法能讓你生產力倍增。

首先，預先做好每一天的計畫，列出最重要的工作項目，並將其優先順序擺在第一位。接著，全神貫注在工作上，持續九十分鐘後，休息十五分鐘，再開始下一個九十分鐘。最後，在經歷兩階段共三小時的工作後，你終於可以用檢查電子郵件的方式，讓大腦產生點多巴胺來獎勵自己。

當你養成每天早上專注工作三小時的習慣後，你將發現不只生產力倍增，還戒掉整天浪費時間檢查郵件的壞習慣，而因此重新掌控人生。

吃掉你的青蛙

1. 將成功的目標和高效率這兩件事，隨時放在心中。在做任何事前先自問：「這樣做是否有助於我達成當下最重要的目標，或只會造成分心？」
2. 拒絕成為電子產品的提示訊息和鈴聲的奴隸，關掉它們。排除所有會讓你分心的事物，別讓它們阻礙你達成改變人生的重要目標。

18

切割工作

習慣的開始，就像一條隱形的線，每重複該行為一次，
就會在線上多加一股細絲，使其更為強韌，最終成為巨纜，
在思想與行為上將我們牢牢繫住。

——《成功》雜誌創辦人奧里森．史威特．馬登
（Orison Swett Marden）

人們之所以拖延一些重大且重要的工作，主要原因在於，一開始接觸這些工作時，它們看起來非常龐雜和艱難。

面對這種情形，你可以運用一種技巧減輕工作的分量與規模，那就是「臘腸切片法」。利用這個方式，詳細規劃好工作，然後下定決心，每次只做一小

部分工作，就像吃一條臘腸般，一次只吃一片，或像是一小口一小口吃掉大象那樣。

從心理上來說，要完成大計畫中的一小部分，會比一口氣完成整件工作簡單。通常當你開始並完成一部分工作時，就會想再多做「一片」。不久之後，你便會一次一小部分的進行工作，等到察覺時，已經完成工作了。

「強迫結束」帶來的激勵

請切記一個重點——在你內心深處有一股「完成的渴望」（Urge to Completion），或被稱為「強迫結束」（Compulsion to Closure）的感覺；這意味著，當你開始並完成任何工作時，會覺得更快樂、更有力量。

因為你已經完成既定的工作或計畫，滿足深層潛意識的需求。這種完成感或結束感，會激勵你開始進行下一個工作或計畫，並且堅持到最後完成。而這種完成工作的行為，同樣會刺激大腦釋出先前提過的「腦內啡」。

此外，你所投入並完成的工作越大，就會感覺更美好、更振奮。也就是說，你吃掉的青蛙越大，相對能體會到越大的個人力量與活力。

每當你完成一小部分工作時，就會產生動力完成另一個部分，接著再另一個部分，不斷接續下去。每前進的一小步都會讓你更有活力，培養出一股內在動力，激勵你堅持到底。

瑞士起司工作法

另一種技巧稱為「瑞士起司工作法」，就像在瑞士起司上打個洞一樣。你可以利用這個方法開始行動，執行某項任務。

當你下定決心花一段特定時間進行某項工作時，你就是在把這個工作「瑞士起司化」。這段時間可能只有五或十分鐘，時間一到就先停手，去做其他工作。也就是每吃一口青蛙，就休息一下或做別的事。

這種技巧的效果和「臘腸切片」類似。一旦你開始工作，就會培養出一股前進動力與成就感，會變得精力充沛且精神振奮。內心會產生一股動力，驅策自己堅持下去，直到完成工作為止。

對於任何剛開始接觸時看似難以應付的工作，你都可以嘗試運用「臘腸切片法」或「瑞士起司工作法」。這些技巧對克服拖延症的幫助，肯定會讓你感到驚訝。

我有幾位朋友實際運用這些方法，靠著下定決心一天寫一頁，甚至一段文章，直到完成一本書為止，而成為銷售作家。你也應該試試。

吃掉你的青蛙

1. 馬上運用「臘腸切片法」或「瑞士起司工作法」等技巧，開始進行一項拖延已久的繁重工作。
2. 成為行動導向的人。高績效者的共同特質是，當他們聽到一個好主意時，會立即付諸行動。別再拖延了，今天就試試看！

19 騰出塊狀時間

將所有精力都投注在特定目標上，
最能為你的生活帶來力量。
——勵志演說家尼杜・庫比恩（Nido Qubein）

真正重要的工作，多半需要一大段完整的時間才能完成。你能否劃分出重要時間，並使用這些高價值、高生產力時段的能力，是你能否對工作與生活做出重大貢獻的關鍵。

成功的銷售員每天會騰出一段特定時間，打電話給潛在客戶。他們不會拖拖拉拉處理自己不喜歡的任務，而是下定決心，例如在早上十點至十一點，花一整個鐘頭打電話，並且自律的貫徹他們的決心。

許多公司主管每天都會空出一段時間當面拜訪客戶，以聽取意見；有些人每天會在固定時段抽出三十至六十分鐘的時間運動；還有許多人每晚睡前會花十五分鐘閱讀名著，利用這個方式，長期下來看完許多好書。

預先規劃時間並遵守

這種在特定時間段內工作的成功關鍵，在於你要事先規劃好一天的工作，同時明確訂出在固定時間從事特定的活動或工作。你要和自己訂下工作約定，並約束自己遵守約定。你可以撥出三十分鐘、六十分鐘和九十分鐘不等的時間，並利用這些時段來處理和完成重要任務。

許多高生產力的人會針對一整天的特定活動，事先規劃進行的時間。這些人藉由一次完成一項重要工作，建立起自己的工作和生活。因此，他們的生產力不斷攀升，最後達到一般人的兩、三倍或五倍之多。

一份拆解時間的計畫表

一份按日／小時／分鐘細部拆解時間的計畫表，就是最有效的個人生產力工具。它讓你能看出哪些工作可以合併，並挪出一個時段集中完成。

在這段作業時間內，你應該關掉電話，排除所有會讓人分心的事物，然後全心投入。最好的工作習慣之一就是早起，先在家工作兩、三個小時，因為相對於在人群環繞、電話聲騷擾不斷的辦公室，在家安靜工作所完成的工作量，往往可達到三倍之多。

善用「每一分鐘」

當你要搭飛機出差時，可以在起飛前先規劃好工作，猶如為自己打造一個空中辦公室。等到飛機一起飛，你便能利用整段飛行時間持續工作。當你安穩的在飛機上工作，不受干擾時，你會為自己可以完成的工作量感到驚訝。

高度表現與高生產力的關鍵之一，就是要善用每一分鐘。利用常被稱為「時間贈禮」的飛行和轉機時間，來完成大工作中的部分項目。

吃掉你的青蛙

1. 不斷思考能讓自己節省、規劃及合併大塊時間的各種方式。利用這些時間專注處理最能帶來深遠影響的重要工作。
2. 善用每一分鐘。透過事先規劃及做好準備工作的方式，讓自己全神貫注、穩定而持續的工作，不要分心或閃神。最重要的是，專注在你該負責的最重要成果上。

20

營造緊迫感

別等待，永遠沒有所謂的「適當時機」。
立即行動，善用你目前可支配的工具，
更好的工具自會在你前行時出現。

——美國勵志成功大師拿破崙・希爾（Napoleon Hill）

無論男女，高成就人士都有個非常顯著的特質，那就是「行動導向」，他們會迫不及待完成關鍵工作。

具高度生產力的人會花時間思考、規劃，並排定工作的優先順序。接著，迅速、堅定的朝目標邁進。他們會持續且一氣呵成完成工作，當一般人還在交際、閒晃，或從事低價值活動時，他們便已完成大多的工作。

進入「心流」狀態

當你以豐沛、源源不絕的活力進行重要工作時，會進入一種「心流」（Flow）的驚人心理狀態。這種狀態幾乎人人都曾經歷過，只是那些成就非凡的人，會比一般人更頻繁的進入心流狀態。

在心流狀態中，人類的表現和生產力達到顛峰。你的心靈和情緒會出現某種近乎神奇的東西；你會覺得振奮而清明，幾乎能毫不費力且精確從事每件工作；你會覺得快樂且精力充沛，感受到無比的平靜，個人效率也會提高。

這幾個世紀以來，這種已被覺知且談論的心流狀態，事實上就是指擁有更高度的清明、創造性與能力；你會更加敏銳並擁有更強的知覺；你的洞察力和直覺會以令人難以置信的精確性運作，清楚看出周遭人與環境間的相互關係。腦中也會經常出現高妙的構想與洞察力，讓你能更快速前進。

「緊迫感」帶來的意外效果

想要激發這種心流狀態的方式之一，就是培養「緊迫感」——這是一股想要更快速度進行，並完成工作的內在動力與渴望，會激勵你立即行動且不斷前進。

「緊迫感」就是一種彷彿和自己競賽的感覺。當這股緊迫感根深柢固後，便會發展出一種「行動傾向」。

你會開始採取行動，而不只是空談未來的計畫，同時專注於立即可行的明確步驟，將精神集中在馬上能執行的工作上，以獲取預期的成果，達成渴望的目標。

快速的行動節奏，似乎和所有偉大成就密不可分。想培養這種節奏，你就必須開始前進，並且以穩定的速度不斷向前邁進。

建立動力意識

當你成為一位行動導向的人之後，你就是在讓成就的「動力原則」（Momentum Principle）發揮作用。這項原則的涵義就是，雖然克服惰性、開始行動要耗費大量的能量，然而一旦開始後，要保持前進所需的能量就會減少許多。

好消息是，你前進得越快，所產生的能量就越大，所完成的工作也越多，並且讓你覺得更有效率，所能獲得的經驗與知識就越豐富，在工作上就越能勝任，越有能力。

緊迫感會自動將你轉移到事業的快速道路上。

工作的速度越快，完成的工作越多，也會提升你的自重、自尊與自豪感。

告訴自己：馬上行動！

要讓自己起身行動最簡單卻最有力的方式之一，就是一再對自己說：「馬上行動！馬上行動！馬上行動！」

當你察覺到自己因聊天或低價值活動，而減緩工作速度或分心時，要不厭其煩一遍遍提醒自己：「回去工作！回去工作！回去工作！」

總之，能幫助你事業成功的，莫過於建立起你能將工作做得又快又好的聲譽。這份聲譽將讓你成為工作領域中，最有價值、最受敬重的人之一。

吃掉你的青蛙

1. 今天就下定決心，針對你所做的每項工作培養出緊迫感。選出自己有意拖延的某項工作，下定決心，培養迅速行動的習慣。

2. 當你看到某個機會或問題時，就立刻行動。當你被賦予某項工作或責任時，請迅速採取行動並快速回報；對於生活中的每個重要領域都要立即行動。你將對自己的自我感受變得如此良好，以及能完成如此多工作，而感到不可思議。

21

專注的執行每項工作

想真正擁有力量的祕訣就在於，
藉由不斷練習，學習節約資源的方式，
並在預定時間內將所有資源投注在目標上。
——英國哲學思想家詹姆士·艾倫（James Allen）

「現在就吃了那隻青蛙！」不論是每一項計畫、排定優先順序，以及組織規劃，都是基於這個簡單的概念。

人類每一項偉大成就的背後，都是經過長時間努力、專注工作，直到完成為止。找出最重要的工作、開始進行，且專心致力於該工作直到完成的能力，便是達成高水準表現與個人生產力的關鍵。

一旦開始，就要持續進行

所謂的「專注」，是指一旦開始工作，就不分心，專心一志堅持到底，直到工作百分之百完成為止。每當你出現放棄或想做其他事情的念頭時，要不斷重複「回去工作！」這句話，藉此督促自己。

若是你在做最重要的工作時能全神貫注，那至少能省下完成工作所需的時間一半以上。

據估計，開始一項工作後中斷，重新開始後又暫停，然後得回頭做，這種情形會讓完成工作所需的時間增加五倍之多。

因為每次回頭工作，都要讓自己重新熟悉上次中斷時的進度，以及確認還有哪些工作待做。你必須克服惰性，讓自己再度前進；你還得激發動力，進入有生產力的工作節奏。

不過，若是你準備妥當再開始進行，不間斷或轉移目標直到完成工作為止，就能激發你的能量、熱忱與動機。你會漸入佳境，不僅提高生產力，工作起來也會更迅速更有效率。

別浪費任何時間

事實上，一旦找出最重要的工作後，進行其他工作都是相對浪費時間。因為其他活動在價值或重要性方面，都不及你所認定的第一優先工作。

你越能自律且持續不懈的致力於某項工作，就越能在「效率彎道」上加速前進；同時也能以越來越少的時間，完成越多高品質的工作。

然而，每次只要一中斷工作，你就會破壞這種循環與節奏，同時沿著彎道後退，回到使工作更困難、更耗時的地方。

關鍵在於「自律」

阿爾伯特．哈伯德（Elbert Hubbard）認為，「自律是屏除自己的好惡、為所應為的能力。」

不論是任何方面的成就，都需要大量的自律。自律、自我管理與自我控制，是品格與高度表現的基本要素。

從最優先處理的工作著手，直到工作百分之百完成為止，對你的品格、意志力與決心都是一種考驗。事實上，堅持就是自律的表現。可喜的是，你越能約束自己，自律且堅持在某一重要工作上，你就會越喜歡且尊重自己。當你越喜歡且尊重自己，就越容易約束自己堅持到底。

專注在最重要的工作上，且心無旁騖持續到工作完成為止，這個過程就是在塑造自己成為一個更卓越的人。

你會變成一個更堅強、有能力、有信心，且更快樂的人。你也會覺得更有力量、有效率。

最後，你會覺得自己有能力設定並達成任何目標，成為自我命運的主宰。你會發現，自己彷彿正置身於一個向上攀升、能完全擔保未來的個人效率螺旋梯上。

這一切的關鍵都取決於，任何時刻都要找出自己可以執行的最重要工作，然後——吃了那隻青蛙！

吃掉你的青蛙

1. 採取行動！今天就下定決心，找出你能完成的最重要工作或計畫，然後馬上進行。
2. 一旦開始進行最重要的工作，就要約束自己堅持到底，不動搖、不分心，直到工作百分之百完成為止。將它視為一種「考驗」，用以判斷自己有沒有能力下定決心完成某項工作，並徹底實行。一旦開始，就要拒絕中斷，直到完成工作為止。

本書重點整理

想擁有幸福、滿足、超凡成就，並對個人能力與效率充滿自信，關鍵在於培養出每天開始工作時，先吃掉青蛙的習慣。

幸運的是，你可以透過反覆練習獲得這項技巧。當你培養出先從最重要的工作著手的習慣後，成功指日可待。

以下是擺脫拖延症、更迅速完成更多工作的二十一項法則總整理。請定期複習這些原則與原理，直到它們深植於你的思想與行動中為止，如此一來，你絕對可以擁有美好的未來。

1. 訂定明確的目標：精確找出你想要什麼。你必須對一切清楚明晰，開始工作前，請先寫下你的目標與目的。

2. **事先計畫每一天**：在紙上思考。每花一分鐘計劃，就能為你省下五至十分鐘的執行時間。

3. **凡事運用八〇／二〇法則**：百分之二十的活動便能決定百分之八十的結果，永遠要將你的心力專注在重要性在前百分之二十的工作上。

4. **考量後果**：最重要的工作及優先事項是指，會為你的人生或工作帶來最正面或最嚴重後果的事情，要投注所有精神在這些事上。

5. **利用「創造性拖延」**：既然你無法完成所有工作，就必須學會刻意延遲不重要的工作，才會有足夠時間完成真正重要的工作。

6. **不斷實踐 ABCDE 法**：開始執行工作計畫表上的工作前，先花時間按其價值與優先性加以規劃，以確保自己是從最重要的活動開始動手。

7. **聚焦於關鍵成果領域**：找出哪些是你為求良好表現必須達到的成果，然後把整天的心力都放在這些事情上。

8. 運用「三的法則」：找出工作中帶來百分九十貢獻的三項工作，聚焦在這些事務上。如此一來，才會有更多時間留給你的家庭和個人生活。

9. 完全準備好再開始：開始工作前要準備就緒，收集好可能用到的所有文獻、資料、工具、素材與數據，以讓工作順利進行。

10. 一次只做一點：只要一次完成一個步驟，你便能完成最大、最複雜的工作了。

11. 提升你的關鍵技能：針對你的關鍵工作所具備的知識與技能越多，就越能迅速的開始進行，且越快完成工作。清楚判斷自己最擅長或可能擅長的事，然後全心投入，把這些事情做到盡善盡美。

12. 認清你的關鍵限制：找出會影響你迅速達成最重要目標的瓶頸或阻礙，無論是內在或外在的，集中精力加以消除。

13. 鞭策自己：想像自己即將出門一個月，然後以出門前必須做完所有重要事情的態度來工作。

14. 激勵自己採取行動：要做自己的啦啦隊長，找出每個境況的有益之處。投注精力找出解決辦法，而非鑽牛角尖在問題上，要永遠保持樂觀與建設性的態度。

15. 科技是糟糕的主人：別被科技所奴役，拿回自己的時間，小心上癮。試著有時關掉它們。

16. 科技是最棒的僕人：讓科技工具協助你有效處理最重要的事，遠離不重要的事。

17. 專注力：當有事情讓你分心，或干擾你去做重要的工作時，就要想辦法停止那些雜事。

18. 切割工作：將龐雜的工作拆解，然後從細項工作開始做起。

19. 騰出塊狀時間：將每天分割成一大段一大段的時間，在這些時段裡你必須專注的進行重要工作。

20. 製造「緊迫感」：養成迅速執行重要工作的習慣，建立起做事迅速確實的名聲。

21. 專注的執行每項工作：訂出清楚的優先順序，立即從最重要的工作著手，然後努力不懈的工作，直到百分之百完成為止，這便是達成高度表現與最大個人生產力的真正關鍵。

現在就下定決心，每天實行以上原則，直到它們成為你的第二天性。當這些個人管理習慣成為你個性的一部分時，未來將無可限量。

做就對了！現在就吃了那隻青蛙！

時間管理，先吃了那隻青蛙【25 年暢銷經典版】

作者	布萊恩・崔西 Brian Tracy
譯者	陳麗芳、林佩怡、游原厚
商周集團執行長	郭奕伶
商業周刊出版部	
總　　監	林雲
責任編輯	陳瑤蓉
封面設計	萬勝安
內頁排版	邱介惠
出版發行	城邦文化事業股份有限公司 商業周刊
地址	115 台北市南港區昆陽街 16 號 6 樓 電話：(02)2505-6789　傳真：(02)2503-6399
讀者服務專線	(02)2510-8888
商周集團網站服務信箱	mailbox@bwnet.com.tw
劃撥帳號	50003033
戶名	英屬蓋曼群島商家庭傳媒股份有限公司城邦分公司
網站	www.businessweekly.com.tw
香港發行所	城邦（香港）出版集團有限公司 香港灣仔駱克道 193 號東超商業中心 1 樓 電話：(852) 2508-6231　傳真：(852) 2578-9337 E-mail：hkcite@biznetvigator.com
製版印刷	中原造像股份有限公司
總經銷	聯合發行股份有限公司 電話：(02) 2917-8022
初版 1 刷	2024 年 10 月
初版 2.5 刷	2025 年 1 月
定價	300 元
ISBN	978-626-7492-63-5（平裝）
EISBN	9786267492697（PDF）／ 9786267492628（EPUB）

Eat That Frog! 21 Great Ways to Stop Procrastinating and Get More Done in Less Time (3 rd Edition)

國家圖書館出版品預行編目(CIP)資料

時間管理,先吃了那隻青蛙：告別拖延,布萊恩.崔西高效時間管理21法則／布萊恩.崔西（Brian Tracy）著；陳麗芳, 林佩怡, 游原厚譯.-- 初版.-- 臺北市：城邦文化事業股份有限公司商業周刊, 2024.10
面；14.8×21公分
譯自：Eat that frog!：21 great ways to stop procrastinating and get more done in less time
ISBN 978-626-7492-63-5(（平裝）
1.CST: 工作效率　2.CST: 時間管理

494.01　　113014967

藍學堂

學習・奇趣・輕鬆讀